Printed by Libri Plureos GmbH in Hamburg, Germany

9 781649 291295

تمرن

Eureka Math®

الصف الثاني

وحدات الإتقان 6 - 8

Great Minds PBC is the creator of Eureka Math®, Wit & Wisdom®, Alexandria Plan™, and PhD Science™.

Published by Great Minds PBC. greatminds.org

Copyright © 2020 Great Minds PBC. All rights reserved. No part of this work may be reproduced or used in any form or by any means—graphic, electronic, or mechanical, including photocopying or information storage and retrieval systems—without written permission from the copyright holder.

ISBN 978-1-64929-129-5

20 21 22 23 24 25 CCD 10 9 8 7 6 5 4 3 2 1

Printed in the USA

تعلم ♦ ممارسة ♦ نجاح

تتوفر مواد طلاب *®Eureka Math* لقصة الوحدات® (من الروضة إلى الخامسة) في ثلاثية تعلم، ممارسة، نجاح.
تدعم هذه السلسلة التمايز والمعالجة مع الاحتفاظ بمواد الطلاب منظمة ويمكن الوصول إليها. سيجد المعلمون أن سلسلة كتب التعلم والممارسة والنجاح تقدم أيضًا موارد متماسكة - وبالتالي فهي أكثر فعالية - للاستجابة للتدخل (RTI)، والممارسة الإضافية والتعلم الصيفي.

تعلم

تُعد دروس تعلم *Eureka Math* بمثابة رفيقًا للطالب في الصف حيث يظهرون تفكيرهم، ويشاركون ما يعرفونه، ويشاهدون معرفتهم وهي تُبنى كل يوم. يضم كتاب التعلم تجميعة الواجب الدراسي اليومي - مسائل التطبيق وتذاكر الخروج ومجموعات المسائل والقوالب - بحجم يسهل حمله والتنقل به.

ممارسة

يبدأ كل درس في *Eureka Math* بسلسلة من أنشطة الطلاقة النشطة والحيوية، بما في ذلك تلك الموجودة في ممارسة *Eureka Math*. يمكن للطلاب الذين يجيدون حقائق الرياضيات الخاصة بهم إتقان المزيد من المواد بشكل أكثر عمقًا. مع كتاب الممارسة، يبني الطلاب الكفاءة في المهارات المكتسبة حديثًا ويعززون التعلم السابق استعدادًا للدرس التالي.

يوفر كتابا التعلم والممارسة كافة المواد المطبوعة التي سيستخدمها الطلاب لتعلم الرياضيات الأساسية.

نجاح

يُمكن كتاب النجاح *Eureka Math* الطلاب من العمل بشكل فردي نحو الإتقان. تضفي مجموعات المسائل الإضافية محاذاة الدرس تلو الدرس مع تعليمات الفصل الدراسي أجواء مثالية للاستخدام كواجب منزلي أو تدريب إضافي. يرافق Homework Helper كل مجموعة مسائل، وهي عبارة عن الأمثلة العملية التي توضح كيفية حل المسائل المماثلة.

يمكن للمعلمين والمربيين استخدام كتب النجاح من مستويات الصف السابق كأدوات متوافقة مع المناهج لملء الفجوات في المعرفة التأسيسية. سيرتقي مستوى الطلاب ويتقدمون بشكل أسرع حيث تسهّل النماذج المألوفة الاتصال بمحتواهم الحالي على مستوى الصف.

EUREKA MATH®

الطلاب والأسر والمعلمون:

نشكرك على كونك جزءًا من مجتمع *®Eureka Math*، حيث نحتفل برونق الرياضيات وتساؤلاتها وإثاراتها. واحدة من أكثر الطرق عرضًا لإثارة حماسنا هي من خلال أنشطة الطلاقة المقدمة في ممارسات *Eureka Math*.

ما هي الطلاقة في الرياضيات؟

قد تفكر في الطلاقة المرتبطة بفنون اللغة، حيث تشير إلى التحدث والكتابة بسهولة. في رياض الأطفال حتى الصف الخامس، يحتوي منهج *Eureka Math* على العديد من الفرص اليومية لبناء طلاقة في الرياضيات. تم تصميم كل منها بنفس الفكرة - زيادة قدرة كل طالب على استخدام الرياضيات بسهولة. تتسم خبرات الطلاقة بشكل عام بالسرعة والحيوية، حيث تتميز بالتحسن وتركز على التعرف على الأنماط والصلات داخل المحتوى. لا يقصد بها أن يتم تقديرها.

توفر أنشطة طلاقة *Eureka Math* ممارسة متباينة من خلال مجموعة متنوعة من التنسيقات - يتم إجراء بعضها بصورة شفوية، والبعض الآخر يستخدم التلاعب، والبعض الآخر يستخدم السبورة الشخصية، والبعض الآخر يستخدم الورقة والقلم. يوفر كتاب ممارسة *Eureka Math* لكل طالب تمارين الطلاقة المطبوعة لمستوى الصف الخاص به.

ما هو التسلسل من الأصعب إلى الأسهل؟

تستخدم العديد من أنشطة الطلاقة المطبوعة التنسيق الذي نسميه التسلسل من الأصعب إلى الأسهل. هذه التدريبات تبني السرعة والدقة مع المهارات المكتسبة بالفعل. تستخدم عندما يقترب الطلاب من الكفاءة الاحترافية المثلى، حيث يعمل التسلسل من الأصعب إلى الأسهل على تعزيز الإيقاع لبناء دفعة أدرينالين منخفضة المخاطر تزيد من الذاكرة واسترجاع المحفوظ. تصميمها المتعمد يجعل تدريبات التسلسل من الأصعب إلى الأسهل متباينة بطبيعتها تتراكم المسائل من البسيط إلى المعقد، حيث يكون الربع الأول من المسائل هو الأبسط وكل ربع يضيف التعقيد. علاوة على ذلك، تجذب الأنماط المتعمدة ضمن تسلسل المسائل مهارات التفكير العليا لدى الطلاب.

التنسيق المقترح لتقديم تدريبات التسلسل من الأصعب إلى الأسهل للطلاب للقيام بسباقين متتاليين (المسمى A و B) على نفس المهارة، يتم تحديد دقيقة واحدة للانتهاء من كل منهما. يتوقف الطلاب بين تدريبات التسلسل من الأصعب إلى الأسهل للتعبير عن الأنماط التي لاحظوها أثناء عملهم في تدريب التسلسل من الأصعب إلى الأسهل الأول. غالبًا ما يوفر ملاحظة الأنماط دفعة طبيعية لأدائها في سباق تدريب التسلسل من الأصعب إلى الأسهل الثاني.

يمكن إجراء تدريبات التسلسل من الأصعب إلى الأسهل باستخدام بروتوكول غير محدد الوقت أيضًا. يوصى بشدة بالبروتوكول غير المؤقت عندما لا يزال الطلاب يبنون الثقة بمستوى تعقيد الربع الأول من المسائل. بمجرد أن يكون جميع الطلاب مستعدين للنجاح في تدريبات التسلسل من الأصعب إلى الأسهل، فإن العمل على تحسين السرعة والدقة مع طاقة بروتوكول موقوت غالبًا ما يكون موضع ترحيب وتنشيط.

أين يمكنني العثور على أنشطة طلاقة أخرى؟

يوجّه *Eureka Math Teacher Edition* المعلمين في تقديم جميع أنشطة الطلاقة لكل درس، بما في ذلك تلك التي لا تتطلب مواد مطبوعة. بالإضافة إلى ذلك، يوفر *Eureka Digital Suite* الوصول إلى أنشطة الطلاقة لجميع مستويات الصف، يمكن البحث فيه حسب المعيار أو الدرس.

أطيب التمنيات لسنة مليئة بلحظات Eurek!

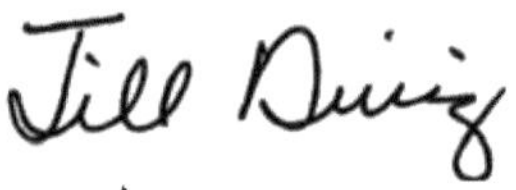

جيل دينيز

مدير الرياضيات

Great Minds

المحتويات

الوحدة 6

الدرس 1: مجموعة التدريبات أ - هـ 3 على الإتقان الأساسي	3
الدرس 3: الطرح في نطاق الرقم 20 في تمرين السرعة	13
الدرس 4: الجمع بالعشرات في تمرين	17
الدرس 7: المجاميع حتى الأعداد 11 - 19 في تمرين السرعة	21
الدرس 8: الطرح من الأعداد 11 - 19 في تمرين السرعة	25
الدرس 10: المجاميع حتى الأعداد 11 - 19 في تمرين السرعة	29
الدرس 11: الطرح من العشرات في تمرين السرعة	33
الدرس 12: كتاب الممارسة مجموعة حل مسائل الإتقان الأساسية أ–هـ	37
الدرس 14: الطرح من الأعداد 11 - 19 في تمرين السرعة	47
الدرس 15: الطرح من العشرات في تمرين السرعة	51
الدرس 18: الطرح من الأعداد 11 - 19 في تمرين السرعة	55
الدرس 19: المجاميع حتى الأعداد 11 - 19 في تمرين السرعة	59

الوحدة 7

الدرس 1: مجموعة التمارين المميزة لمهارة الإتقان الأساسية أ - هـ	65
الدرس 3: تمرين السرعة على الجمع والطرح بمقدار 5 لحد	75
الدرس 4: العد بالتخطي بمقدار 5 في تمارين السرعة لحد	45
الدرس 7: الطرح بالعشرة في تمرين السرعة	83
الدرس 7: الجمع بالعشرة في تمرين السرعة	87
الدرس 11: الطرح من الأعداد 11 - 19 في تمرين السرعة	91
الدرس 12: الجمع بالعشرة في تمرين السرعة	95
الدرس 14: مجموعة 2 من بطاقات الطرح التعليمية	99
الدرس 15: الجمع والطرح بمقدار 2 في تمرين السرعة	111
الدرس 16: الجمع والطرح بمقدار 3 في تمرين السرعة	115
الدرس 19: أنماط الطرح في تمرين السرعة	119
الدرس 20: أنماط الطرح في تمرين السرعة	123
الدرس 23: الجمع بالعشرة في تمرين السرعة	127
الدرس 24: أنماط الطرح في تمرين السرعة	131

الوحدة 8

الدرس 1: الجمع بالعشرة في تمرين السرعة 137

الدرس 2: جهز مائة لإضافتها على تمرين السرعة 141

الدرس 3: مجموعة التمارين المميزة لمهارة الإتقان الأساسية أ - هـ 145

الدرس 3: مخطط القيمة المكانية للمئات غير المصنفة وأجزاء المئات 155

الدرس 5: أنماط الطرح في تمرين السرعة 157

الدرس 6: أنماط الجمع والطرح في تمارين السرعة 161

الدرس 9: أنماط الطرح في تمارين السرعة 165

الدرس 10: أنماط الجمع في تمرين السرعة 169

الدرس 14: الجمع والطرح بمقدار 5 في تمرين السرعة 173

الصف الثاني
الوحدة 6

الاسم ______________________ التاريخ ____________

.1	= 3 + 10	.21	= 9 + 7
.2	= 6 + 10	.22	= 8 + 4
.3	= 4 + 10	.23	= 9 + 5
.4	= 10 + 5	.24	= 6 + 8
.5	= 10 + 8	.25	= 5 + 7
.6	= 9 + 10	.26	= 8 + 5
.7	= 2 + 12	.27	= 3 + 8
.8	= 4 + 13	.28	= 8 + 9
.9	= 3 + 16	.29	= 5 + 6
.10	= 17 + 2	.30	= 6 + 7
.11	= 14 + 5	.31	= 6 + 4
.12	= 12 + 7	.32	= 7 + 8
.13	= 3 + 16	.33	= 7 + 7
.14	= 5 + 11	.34	= 6 + 8
.15	= 2 + 9	.35	= 9 + 6
.16	= 9 + 5	.36	= 5 + 8
.17	= 9 + 7	.37	= 7 + 4
.18	= 4 + 9	.38	= 9 + 3
.19	= 8 + 7	.39	= 6 + 6
.20	= 8 + 8	.40	= 9 + 4

الاسم ________________________________ التاريخ ________________

1.	= 4 + 10	21.	= 8 + 4
2.	= 9 + 10	22.	= 6 + 7
3.	= 10 + 5	23.	11 = 4 + _____
4.	= 10 + 2	24.	13 = 8 + _____
5.	= 4 + 11	25.	14 = _____ + 6
6.	= 5 + 12	26.	15 = _____ + 8
7.	= 2 + 16	27.	8 + 9 = _____
8.	_____18 = + 13	28.	7 + 4 = _____
9.	20 = _____ + 11	29.	8 + 7 = _____
10.	= 3 + 14	30.	= 9 + 3
11.	16 + 3 = _____	31.	= 7 + 6
12.	12 + 7 = _____	32.	13 = _____ + 8
13.	4 + 15 = _____	33.	9 + 7 = _____
14.	= 2 + 9	34.	= 5 + 6
15.	= 9 + 6	35.	7 + 5 = _____
16.	11 = 4 + _____	36.	4 + 8 = _____
17.	13 = 6 + _____	37.	_____ + 8 = 15
18.	12 = 5 + _____	38.	9 + _____ = 17
19.	= 8 + 8	39.	7 + _____ = 14
20.	= 6 + 6	40.	_____ + 8 = 19

الاسم _____ التاريخ _____

1.	12 - 2 =	21.	16 - 9 =
2.	18 - 8 =	22.	14 - 6 =
3.	19 - 10 =	23.	16 - 8 =
4.	14 - 10 =	24.	15 - 6 =
5.	16 - 6 =	25.	17 - 8 =
6.	11 - 10 =	26.	18 - 9 =
7.	17 - 12 =	27.	15 - 7 =
8.	20 - 10 =	28.	13 - 8 =
9.	13 - 11 =	29.	11 - 3 =
10.	18 - 13 =	30.	12 - 5 =
11.	12 - 3 =	31.	11 - 2 =
12.	11 - 2 =	32.	13 - 6 =
13.	14 - 2 =	33.	16 - 7 =
14.	13 - 4 =	34.	12 - 8 =
15.	11 - 3 =	35.	16 - 13 =
16.	13 - 2 =	36.	15 - 14 =
17.	12 - 4 =	37.	17 - 12 =
18.	14 - 5 =	38.	19 - 16 =
19.	11 - 4 =	39.	18 - 11 =
20.	12 - 5 =	40.	20 - 16 =

الاسم ______________________ التاريخ ______________

.1	= 9 - 19	.21	= 7 - 16
.2	= 10 - 12	.22	= 8 - 17
.3	= 11 - 18	.23	= 7 - 16
.4	= 10 - 15	.24	= 8 - 14
.5	= 12 - 17	.25	= 9 - 17
.6	= 13 - 16	.26	= 9 - 12
.7	= 2 - 12	.27	= 8 - 16
.8	= 10 - 20	.28	= 7 - 15
.9	= 11 - 14	.29	= 8 - 13
.10	= 3 - 13	.30	= 7 - 14
.11	3 - 11 = _____	.31	= 9 - 13
.12	4 - 14 = _____	.32	= 9 - 15
.13	4 - 13 = _____	.33	= 6 - 14
.14	4 - 11 = _____	.34	5 - 13 = _____
.15	3 - 12 = _____	.35	8 - 15 = _____
.16	2 - 13 = _____	.36	9 - 18 = _____
.17	2 - 11 = _____	.37	4 - 20 = _____
.18	= 8 - 16	.38	17 - 20 = _____
.19	= 6 - 15	.39	11 - 20 = _____
.20	= 5 - 12	.40	3 - 20 = _____

EUREKA MATH

الاسم ______________________ التاريخ ______________

1.	13 + 3 =	21.	11 - 8 =
2.	12 + 8 =	22.	13 - 7 =
3.	16 + 2 =	23.	15 - 8 =
4.	11 + 7 =	24.	12 + 6 =
5.	6 + 9 =	25.	13 + 2 =
6.	7 + 8 =	26.	9 + 11 =
7.	4 + 7 =	27.	6 + 8 =
8.	13 - 5 =	28.	8 + 9 =
9.	16 - 6 =	29.	7 + 5 =
10.	17 - 9 =	30.	13 - 7 =
11.	14 - 6 =	31.	15 - 8 =
12.	18 - 7 =	32.	11 - 9 =
13.	8 + 8 =	33.	12 - 3 =
14.	7 + 6 =	34.	14 - 5 =
15.	4 + 9 =	35.	13 + 6 =
16.	5 + 7 =	36.	8 + 5 =
17.	6 + 5 =	37.	4 + 7 =
18.	13 - 8 =	38.	7 + 8 =
19.	16 - 9 =	39.	4 + 9 =
20.	14 - 8 =	40.	20 - 12 =

أ

الرقم الصحيح: __________

الطرح في نطاق الرقم 20

	= 10 - 11	.1
	= 10 - 12	.2
	= 10 - 13	.3
	= 10 - 19	.4
	= 1 - 11	.5
	= 2 - 12	.6
	= 3 - 13	.7
	= 7 - 17	.8
	= 2 - 11	.9
	= 3 - 11	.10
	= 4 - 11	.11
	= 8 - 11	.12
	= 8 - 18	.13
	= 4 - 13	.14
	= 5 - 13	.15
	= 6 - 13	.16
	= 8 - 13	.17
	= 6 - 16	.18
	= 3 - 12	.19
	= 4 - 12	.20
	= 5 - 12	.21
	= 9 - 12	.22

	= 9 - 19	.23
	= 6 - 15	.24
	= 7 - 15	.25
	= 9 - 15	.26
	= 10 - 20	.27
	= 5 - 14	.28
	= 6 - 14	.29
	= 7 - 14	.30
	= 9 - 14	.31
	= 5 - 15	.32
	= 8 - 17	.33
	= 9 - 17	.34
	= 8 - 18	.35
	= 7 - 16	.36
	= 8 - 16	.37
	= 9 - 16	.38
	= 10 - 17	.39
	= 8 - 12	.40
	= 9 - 18	.41
	= 9 - 11	.42
	= 8 - 15	.43
	= 7 - 13	.44

ب

الطرح في نطاق الرقم 20

الرقم الصحيح: _____

التحسن: _____

	1.	11 - 1 =
	2.	12 - 2 =
	3.	13 - 3 =
	4.	18 - 8 =
	5.	11 - 10 =
	6.	12 - 10 =
	7.	13 - 10 =
	8.	18 - 10 =
	9.	11 - 2 =
	10.	11 - 3 =
	11.	11 - 4 =
	12.	11 - 7 =
	13.	19 - 9 =
	14.	12 - 3 =
	15.	12 - 4 =
	16.	12 - 5 =
	17.	12 - 8 =
	18.	17 - 7 =
	19.	13 - 4 =
	20.	13 - 5 =
	21.	13 - 6 =
	22.	13 - 9 =

	23.	16 - 6 =
	24.	14 - 5 =
	25.	14 - 6 =
	26.	14 - 7 =
	27.	14 - 9 =
	28.	20 - 10 =
	29.	15 - 6 =
	30.	15 - 7 =
	31.	15 - 9 =
	32.	14 - 4 =
	33.	16 - 7 =
	34.	16 - 8 =
	35.	16 - 9 =
	36.	20 - 10 =
	37.	17 - 8 =
	38.	17 - 9 =
	39.	16 - 10 =
	40.	18 - 9 =
	41.	12 - 9 =
	42.	13 - 7 =
	43.	11 - 8 =
	44.	15 - 8 =

أ

الرقم الصحيح: ________

الجمع مضيفًا عشرة

.1	= 1 + 9	
.2	= 2 + 9	
.3	= 3 + 9	
.4	= 9 + 9	
.5	= 2 + 8	
.6	= 3 + 8	
.7	= 4 + 8	
.8	= 9 + 8	
.9	= 1 + 9	
.10	= 4 + 9	
.11	= 5 + 9	
.12	= 8 + 9	
.13	= 2 + 8	
.14	= 5 + 8	
.15	= 6 + 8	
.16	= 8 + 8	
.17	= 1 + 9	
.18	= 7 + 9	
.19	= 2 + 8	
.20	= 7 + 8	
.21	= 1 + 9	
.22	= 6 + 9	

.23	= 3 + 7	
.24	= 4 + 7	
.25	= 5 + 7	
.26	= 9 + 7	
.27	= 4 + 6	
.28	= 5 + 6	
.29	= 6 + 6	
.30	= 9 + 6	
.31	= 5 + 5	
.32	= 6 + 5	
.33	= 7 + 5	
.34	= 9 + 5	
.35	= 6 + 4	
.36	= 7 + 4	
.37	= 9 + 4	
.38	= 7 + 3	
.39	= 9 + 3	
.40	= 8 + 5	
.41	= 8 + 2	
.42	= 8 + 4	
.43	= 9 + 1	
.44	= 9 + 2	

ب

الجمع مضيفًا عشرة

الرقم الصحيح: _____
التحسن: _____

	8 + 2 =	.1
	8 + 3 =	.2
	8 + 4 =	.3
	8 + 8 =	.4
	9 + 1 =	.5
	9 + 2 =	.6
	9 + 3 =	.7
	9 + 8 =	.8
	8 + 2 =	.9
	8 + 5 =	.10
	8 + 6 =	.11
	8 + 9 =	.12
	9 + 1 =	.13
	9 + 4 =	.14
	9 + 5 =	.15
	9 + 9 =	.16
	9 + 1 =	.17
	9 + 7 =	.18
	8 + 2 =	.19
	8 + 7 =	.20
	9 + 1 =	.21
	9 + 6 =	.22

	7 + 3 =	.23
	7 + 4 =	.24
	7 + 5 =	.25
	7 + 8 =	.26
	6 + 4 =	.27
	6 + 5 =	.28
	6 + 6 =	.29
	6 + 8 =	.30
	5 + 5 =	.31
	5 + 6 =	.32
	5 + 7 =	.33
	5 + 8 =	.34
	4 + 6 =	.35
	4 + 7 =	.36
	4 + 8 =	.37
	3 + 7 =	.38
	3 + 9 =	.39
	5 + 9 =	.40
	2 + 8 =	.41
	4 + 9 =	.42
	1 + 9 =	.43
	2 + 9 =	.44

أ

الرقم الصحيح: ________

المجاميع للأرقام 11-19

.1	2 + 9 =	
.2	3 + 9 =	
.3	4 + 9 =	
.4	7 + 9 =	
.5	9 + 7 =	
.6	1 + 10 =	
.7	2 + 10 =	
.8	3 + 10 =	
.9	8 + 10 =	
.10	10 + 8 =	
.11	3 + 8 =	
.12	4 + 8 =	
.13	5 + 8 =	
.14	9 + 8 =	
.15	8 + 9 =	
.16	4 + 7 =	
.17	5 + 10 =	
.18	5 + 6 =	
.19	5 + 7 =	
.20	5 + 9 =	
.21	9 + 5 =	
.22	6 + 10 =	

.23	7 + 4 =	
.24	8 + 4 =	
.25	6 + 5 =	
.26	7 + 5 =	
.27	8 + 3 =	
.28	9 + 3 =	
.29	9 + 2 =	
.30	10 + 5 =	
.31	8 + 5 =	
.32	6 + 9 =	
.33	9 + 6 =	
.34	6 + 7 =	
.35	7 + 6 =	
.36	6 + 8 =	
.37	8 + 6 =	
.38	7 + 8 =	
.39	8 + 7 =	
.40	6 + 6 =	
.41	7 + 7 =	
.42	8 + 8 =	
.43	9 + 9 =	
.44	9 + 4 =	

ب

الرقم الصحيح: __________

التحسن: __________

المجاميع للأرقام 11-19

.1	1 + 10 =	
.2	2 + 10 =	
.3	3 + 10 =	
.4	9 + 10 =	
.5	10 + 9 =	
.6	2 + 9 =	
.7	3 + 9 =	
.8	4 + 9 =	
.9	8 + 9 =	
.10	9 + 8 =	
.11	3 + 8 =	
.12	4 + 8 =	
.13	5 + 8 =	
.14	7 + 8 =	
.15	8 + 7 =	
.16	4 + 7 =	
.17	4 + 10 =	
.18	5 + 6 =	
.19	5 + 7 =	
.20	5 + 9 =	
.21	9 + 5 =	
.22	8 + 10 =	

.23	6 + 5 =	
.24	7 + 5 =	
.25	7 + 4 =	
.26	8 + 4 =	
.27	10 + 4 =	
.28	8 + 3 =	
.29	9 + 3 =	
.30	9 + 2 =	
.31	8 + 5 =	
.32	6 + 7 =	
.33	7 + 6 =	
.34	6 + 8 =	
.35	8 + 6 =	
.36	6 + 9 =	
.37	9 + 6 =	
.38	7 + 9 =	
.39	9 + 7 =	
.40	6 + 6 =	
.41	7 + 7 =	
.42	8 + 8 =	
.43	9 + 9 =	
.44	9 + 4 =	

أ

الرقم الصحيح: _____

طرح الأرقام من 11-19

	11 - 10 =	1.
	12 - 10 =	2.
	13 - 10 =	3.
	19 - 10 =	4.
	11 - 1 =	5.
	12 - 2 =	6.
	13 - 3 =	7.
	17 - 7 =	8.
	11 - 2 =	9.
	11 - 3 =	10.
	11 - 4 =	11.
	11 - 8 =	12.
	18 - 8 =	13.
	13 - 4 =	14.
	13 - 5 =	15.
	13 - 6 =	16.
	13 - 8 =	17.
	16 - 6 =	18.
	12 - 3 =	19.
	12 - 4 =	20.
	12 - 5 =	21.
	12 - 9 =	22.

	19 - 9 =	23.
	15 - 6 =	24.
	15 - 7 =	25.
	15 - 9 =	26.
	20 - 10 =	27.
	14 - 5 =	28.
	14 - 6 =	29.
	14 - 7 =	30.
	14 - 9 =	31.
	15 - 5 =	32.
	17 - 8 =	33.
	17 - 9 =	34.
	18 - 8 =	35.
	16 - 7 =	36.
	16 - 8 =	37.
	16 - 9 =	38.
	17 - 10 =	39.
	12 - 8 =	40.
	18 - 9 =	41.
	11 - 9 =	42.
	15 - 8 =	43.
	13 - 7 =	44.

ب

الرقم الصحيح: _____

التحسن: _____

طرح الأرقام من 11-19

	11 - 1 =	1.
	12 - 2 =	2.
	13 - 3 =	3.
	18 - 8 =	4.
	11 - 10 =	5.
	12 - 10 =	6.
	13 - 10 =	7.
	18 - 10 =	8.
	11 - 2 =	9.
	11 - 3 =	10.
	11 - 4 =	11.
	11 - 7 =	12.
	19 - 9 =	13.
	12 - 3 =	14.
	12 - 4 =	15.
	12 - 5 =	16.
	12 - 8 =	17.
	17 - 7 =	18.
	13 - 4 =	19.
	13 - 5 =	20.
	13 - 6 =	21.
	13 - 9 =	22.

	16 - 6 =	23.
	14 - 5 =	24.
	14 - 6 =	25.
	14 - 7 =	26.
	14 - 9 =	27.
	20 - 10 =	28.
	15 - 6 =	29.
	15 - 7 =	30.
	15 - 9 =	31.
	14 - 4 =	32.
	16 - 7 =	33.
	16 - 8 =	34.
	16 - 9 =	35.
	20 - 10 =	36.
	17 - 8 =	37.
	17 - 9 =	38.
	16 - 10 =	39.
	18 - 9 =	40.
	12 - 9 =	41.
	13 - 7 =	42.
	11 - 8 =	43.
	15 - 8 =	44.

| الدرس 10 تمرين السرعة | 2•6 |

أ

المجاميع للأرقام 11-19

الرقم الصحيح: _____

	= 3 + 7	23.		= 1 + 9	1.
	= 4 + 7	24.		= 2 + 9	2.
	= 5 + 7	25.		= 3 + 9	3.
	= 9 + 7	26.		= 9 + 9	4.
	= 4 + 6	27.		= 2 + 8	5.
	= 5 + 6	28.		= 3 + 8	6.
	= 6 + 6	29.		= 4 + 8	7.
	= 9 + 6	30.		= 9 + 8	8.
	= 5 + 5	31.		= 1 + 9	9.
	= 6 + 5	32.		= 4 + 9	10.
	= 7 + 5	33.		= 5 + 9	11.
	= 9 + 5	34.		= 8 + 9	12.
	= 6 + 4	35.		= 2 + 8	13.
	= 7 + 4	36.		= 5 + 8	14.
	= 9 + 4	37.		= 6 + 8	15.
	= 7 + 3	38.		= 8 + 8	16.
	= 9 + 3	39.		= 1 + 9	17.
	= 8 + 5	40.		= 7 + 9	18.
	= 8 + 2	41.		= 2 + 8	19.
	= 8 + 4	42.		= 7 + 8	20.
	= 9 + 1	43.		= 1 + 9	21.
	= 9 + 2	44.		= 6 + 9	22.

الدرس 10: استخدم البلاطات المربعة لتشكيل مستطيل ووصله بنموذج المصفوفة.

ب

الرقم الصحيح: _____

التحسن: _____

المجاميع للأرقام 11-19

	= 2 + 8	.1
	= 3 + 8	.2
	= 4 + 8	.3
	= 8 + 8	.4
	= 1 + 9	.5
	= 2 + 9	.6
	= 3 + 9	.7
	= 8 + 9	.8
	= 2 + 8	.9
	= 5 + 8	.10
	= 6 + 8	.11
	= 9 + 8	.12
	= 1 + 9	.13
	= 4 + 9	.14
	= 5 + 9	.15
	= 9 + 9	.16
	= 1 + 9	.17
	= 7 + 9	.18
	= 2 + 8	.19
	= 7 + 8	.20
	= 1 + 9	.21
	= 6 + 9	.22

	= 3 + 7	.23
	= 4 + 7	.24
	= 5 + 7	.25
	= 8 + 7	.26
	= 4 + 6	.27
	= 5 + 6	.28
	= 6 + 6	.29
	= 8 + 6	.30
	= 5 + 5	.31
	= 6 + 5	.32
	= 7 + 5	.33
	= 8 + 5	.34
	= 6 + 4	.35
	= 7 + 4	.36
	= 8 + 4	.37
	= 7 + 3	.38
	= 9 + 3	.39
	= 9 + 5	.40
	= 8 + 2	.41
	= 9 + 4	.42
	= 9 + 1	.43
	= 9 + 2	.44

أ

الرقم الصحيح: _____

الطرح بالعشرة

.1	10 - 5 =	
.2	20 - 5 =	
.3	30 - 5 =	
.4	10 - 2 =	
.5	20 - 2 =	
.6	30 - 2 =	
.7	11 - 2 =	
.8	21 - 2 =	
.9	31 - 2 =	
.10	10 - 8 =	
.11	11 - 8 =	
.12	21 - 8 =	
.13	31 - 8 =	
.14	14 - 5 =	
.15	24 - 5 =	
.16	34 - 5 =	
.17	15 - 6 =	
.18	25 - 6 =	
.19	35 - 6 =	
.20	10 - 7 =	
.21	20 - 8 =	
.22	30 - 9 =	

.23	14 - 6 =	
.24	24 - 6 =	
.25	34 - 6 =	
.26	15 - 7 =	
.27	25 - 7 =	
.28	35 - 7 =	
.29	11 - 4 =	
.30	21 - 4 =	
.31	31 - 4 =	
.32	12 - 6 =	
.33	22 - 6 =	
.34	32 - 6 =	
.35	21 - 6 =	
.36	31 - 6 =	
.37	12 - 8 =	
.38	32 - 8 =	
.39	21 - 8 =	
.40	31 - 8 =	
.41	28 - 9 =	
.42	27 - 8 =	
.43	38 - 9 =	
.44	37 - 8 =	

ب

الطرح بالعشرة

الرقم الصحيح: ــــــــــــ

التحسن: ــــــــــــ

	1.	10 - 1 =		23.	13 - 5 =
	2.	20 - 1 =		24.	23 - 5 =
	3.	30 - 1 =		25.	33 - 5 =
	4.	10 - 3 =		26.	16 - 8 =
	5.	20 - 3 =		27.	26 - 8 =
	6.	30 - 3 =		28.	36 - 8 =
	7.	12 - 3 =		29.	12 - 5 =
	8.	22 - 3 =		30.	22 - 5 =
	9.	32 - 3 =		31.	32 - 5 =
	10.	10 - 9 =		32.	11 - 5 =
	11.	11 - 9 =		33.	21 - 5 =
	12.	21 - 9 =		34.	31 - 5 =
	13.	31 - 9 =		35.	12 - 7 =
	14.	13 - 4 =		36.	22 - 7 =
	15.	23 - 4 =		37.	11 - 7 =
	16.	33 - 4 =		38.	31 - 7 =
	17.	16 - 7 =		39.	22 - 9 =
	18.	26 - 7 =		40.	32 - 9 =
	19.	36 - 7 =		41.	38 - 9 =
	20.	10 - 6 =		42.	37 - 8 =
	21.	20 - 7 =		43.	28 - 9 =
	22.	30 - 8 =		44.	27 - 8 =

الاسم _____ التاريخ _____

1.	10 + 2 =	21.	7 + 9 =
2.	10 + 7 =	22.	5 + 8 =
3.	10 + 5 =	23.	3 + 9 =
4.	4 + 10 =	24.	8 + 6 =
5.	6 + 11 =	25.	7 + 4 =
6.	12 + 2 =	26.	9 + 5 =
7.	14 + 3 =	27.	6 + 6 =
8.	13 + 5 =	28.	8 + 3 =
9.	17 + 2 =	29.	7 + 6 =
10.	12 + 6 =	30.	6 + 9 =
11.	11 + 9 =	31.	8 + 7 =
12.	2 + 16 =	32.	9 + 9 =
13.	15 + 4 =	33.	5 + 7 =
14.	5 + 9 =	34.	8 + 4 =
15.	9 + 2 =	35.	6 + 5 =
16.	4 + 9 =	36.	9 + 7 =
17.	9 + 6 =	37.	6 + 8 =
18.	8 + 9 =	38.	2 + 9 =
19.	7 + 8 =	39.	9 + 8 =
20.	8 + 8 =	40.	7 + 7 =

الاسم ______________________________ التاريخ ______________

1.	= 6 + 10	21.	= 8 + 3
2.	= 9 + 10	22.	= 4 + 9
3.	= 10 + 7	23.	11 = 6 + _____
4.	= 10 + 3	24.	13 = 9 + _____
5.	= 11 + 5	25.	14 = _____ + 8
6.	= 8 + 12	26.	15 = _____ + 7
7.	= 3 + 14	27.	8 + 4 = _____
8.	19 = _____ + 13	28.	9 + 8 = _____
9.	18 = _____ + 15	29.	4 + 6 = _____
10.	= 5 + 12	30.	= 9 + 3
11.	17 + 2 = _____	31.	= 7 + 5
12.	13 + 3 = _____	32.	14= _____ + 8
13.	2 + 16 = _____	33.	9 + 5 = _____
14.	= 3 + 9	34.	= 8 + 8
15.	= 9 + 6	35.	9 + 7 = _____
16.	14 = 5 + _____	36.	4 + 8 = _____
17.	13 = 7 + _____	37.	_____ + 8 = 17
18.	12 = 8 + _____	38.	9 + _____ = 19
19.	= 7 + 8	39.	7 + _____ = 12
20.	= 6 + 7	40.	_____ + 8 = 15

الاسم _____ التاريخ _____

1.	13 - 3 =		21.	16 - 8 =
2.	19 - 9 =		22.	14 - 5 =
3.	15 - 10 =		23.	16 - 7 =
4.	18 - 10 =		24.	15 - 7 =
5.	12 - 2 =		25.	17 - 8 =
6.	11 - 10 =		26.	18 - 9 =
7.	17 - 13 =		27.	15 - 6 =
8.	20 - 10 =		28.	13 - 8 =
9.	14 - 11 =		29.	14 - 6 =
10.	16 - 12 =		30.	12 - 5 =
11.	11 - 3 =		31.	11 - 7 =
12.	13 - 2 =		32.	13 - 8 =
13.	14 - 2 =		33.	16 - 9 =
14.	13 - 4 =		34.	12 - 8 =
15.	12 - 3 =		35.	16 - 12 =
16.	11 - 4 =		36.	18 - 15 =
17.	12 - 5 =		37.	15 - 14 =
18.	14 - 5 =		38.	17 - 11 =
19.	11 - 2 =		39.	19 - 13 =
20.	12 - 4 =		40.	20 - 12 =

الاسم ______________________ التاريخ ______________

.1	= 7 - 17	.21	= 7 - 16
.2	= 10 - 14	.22	= 8 - 17
.3	= 11 - 19	.23	= 7 - 18
.4	= 10 - 16	.24	= 6 - 14
.5	= 12 - 17	.25	= 8 - 17
.6	= 13 - 15	.26	= 8 - 12
.7	= 3 - 12	.27	= 7 - 14
.8	= 11 - 20	.28	= 8 - 15
.9	= 11 - 18	.29	= 5 - 13
.10	= 5 - 13	.30	= 8 - 16
.11	2 - 11 = _____	.31	= 9 - 14
.12	4 - 12 = _____	.32	= 6 - 15
.13	5 - 13 = _____	.33	= 6 - 13
.14	3 - 12 = _____	.34	8 - 13 = _____
.15	4 - 11 = _____	.35	7 - 15 = _____
.16	2 - 13 = _____	.36	9 - 18 = _____
.17	3 - 11 = _____	.37	14 - 20 = _____
.18	= 8 - 17	.38	7 - 20 = _____
.19	= 6 - 14	.39	11 - 20 = _____
.20	= 9 - 16	.40	8 - 20 = _____

الاسم _____   التاريخ _____

1.	11 + 9 =		21.	13 - 7 =	
2.	13 + 5 =		22.	11 - 8 =	
3.	14 + 3 =		23.	15 - 6 =	
4.	12 + 7 =		24.	12 + 7 =	
5.	5 + 9 =		25.	14 + 3 =	
6.	8 + 8 =		26.	8 + 12 =	
7.	14 - 7 =		27.	5 + 7 =	
8.	13 - 5 =		28.	8 + 9 =	
9.	16 - 7 =		29.	7 + 5 =	
10.	17 - 9 =		30.	13 - 6 =	
11.	14 - 6 =		31.	14 - 8 =	
12.	18 - 5 =		32.	12 - 9 =	
13.	9 + 9 =		33.	11 - 3 =	
14.	7 + 6 =		34.	14 - 5 =	
15.	3 + 9 =		35.	13 - 8 =	
16.	6 + 7 =		36.	8 + 5 =	
17.	8 + 5 =		37.	4 + 7 =	
18.	13 - 8 =		38.	7 + 8 =	
19.	16 - 9 =		39.	4 + 9 =	
20.	14 - 8 =		40.	20 - 8 =	

أ

طرح الأرقام من 11-19

الرقم الصحيح: _____

	11 - 10 =	1.		19 - 9 =	23.
	12 - 10 =	2.		15 - 6 =	24.
	13 - 10 =	3.		15 - 7 =	25.
	19 - 10 =	4.		15 - 9 =	26.
	11 - 1 =	5.		20 - 10 =	27.
	12 - 2 =	6.		14 - 5 =	28.
	13 - 3 =	7.		14 - 6 =	29.
	17 - 7 =	8.		14 - 7 =	30.
	11 - 2 =	9.		14 - 9 =	31.
	11 - 3 =	10.		15 - 5 =	32.
	11 - 4 =	11.		17 - 8 =	33.
	11 - 8 =	12.		17 - 9 =	34.
	18 - 8 =	13.		18 - 8 =	35.
	13 - 4 =	14.		16 - 7 =	36.
	13 - 5 =	15.		16 - 8 =	37.
	13 - 6 =	16.		16 - 9 =	38.
	13 - 8 =	17.		17 - 10 =	39.
	16 - 6 =	18.		12 - 8 =	40.
	12 - 3 =	19.		18 - 9 =	41.
	12 - 4 =	20.		11 - 9 =	42.
	12 - 5 =	21.		15 - 8 =	43.
	12 - 9 =	22.		13 - 7 =	44.

ب

الرقم الصحيح: ــــــــــ

طرح الأرقام من 11-19

التحسن: ــــــــــ

	11 - 1 =	1.
	12 - 2 =	2.
	13 - 3 =	3.
	18 - 8 =	4.
	11 - 10 =	5.
	12 - 10 =	6.
	13 - 10 =	7.
	18 - 10 =	8.
	11 - 2 =	9.
	11 - 3 =	10.
	11 - 4 =	11.
	11 - 7 =	12.
	19 - 9 =	13.
	12 - 3 =	14.
	12 - 4 =	15.
	12 - 5 =	16.
	12 - 8 =	17.
	17 - 7 =	18.
	13 - 4 =	19.
	13 - 5 =	20.
	13 - 6 =	21.
	13 - 9 =	22.

	16 - 6 =	23.
	14 - 5 =	24.
	14 - 6 =	25.
	14 - 7 =	26.
	14 - 9 =	27.
	20 - 10 =	28.
	15 - 6 =	29.
	15 - 7 =	30.
	15 - 9 =	31.
	14 - 4 =	32.
	16 - 7 =	33.
	16 - 8 =	34.
	16 - 9 =	35.
	20 - 10 =	36.
	17 - 8 =	37.
	17 - 9 =	38.
	16 - 10 =	39.
	18 - 9 =	40.
	12 - 9 =	41.
	13 - 7 =	42.
	11 - 8 =	43.
	15 - 8 =	44.

أ

الرقم الصحيح: ________

الطرح بالعشرات

.1	= 1 - 10	
.2	= 2 - 10	
.3	= 2 - 20	
.4	= 2 - 40	
.5	= 2 - 10	
.6	= 2 - 11	
.7	= 2 - 21	
.8	=2 - 51	
.9	= 3 - 10	
.10	= 3 - 11	
.11	= 3 - 21	
.12	= 3 - 61	
.13	= 4 - 10	
.14	= 4 - 11	
.15	= 4 - 21	
.16	= 4 - 71	
.17	= 5 - 10	
.18	= 5 - 11	
.19	= 5 - 21	
.20	= 5 - 81	
.21	= 6 - 10	
.22	= 6 - 11	

.23	= 6 - 21	
.24	= 6 - 91	
.25	= 7 - 10	
.26	= 7 - 11	
.27	= 7 - 31	
.28	= 8 - 10	
.29	= 8 - 11	
.30	= 8 - 41	
.31	= 9 - 10	
.32	= 9 - 11	
.33	= 9 - 51	
.34	= 3 - 12	
.35	= 3 - 82	
.36	= 5 - 13	
.37	= 5 - 73	
.38	= 6 - 14	
.39	= 6 - 84	
.40	= 8 - 15	
.41	= 8 - 95	
.42	= 7 - 16	
.43	= 7 - 46	
.44	= 9 - 68	

ب

الطرح بالعشرات

الرقم الصحيح: _____

التحسن: _____

	10 - 2 =	1.
	20 - 2 =	2.
	30 - 2 =	3.
	50 - 2 =	4.
	10 - 2 =	5.
	11 - 2 =	6.
	21 - 2 =	7.
	61 - 2 =	8.
	10 - 3 =	9.
	11 - 3 =	10.
	21 - 3 =	11.
	71 - 3 =	12.
	10 - 4 =	13.
	11 - 4 =	14.
	21 - 4 =	15.
	81 - 4 =	16.
	10 - 5 =	17.
	11 - 5 =	18.
	21 - 5 =	19.
	91 - 5 =	20.
	10 - 6 =	21.
	11 - 6 =	22.

	21 - 6 =	23.
	41 - 6 =	24.
	10 - 7 =	25.
	11 - 7 =	26.
	51 - 7 =	27.
	10 - 8 =	28.
	11 - 8 =	29.
	61 - 8 =	30.
	10 - 9 =	31.
	11 - 9 =	32.
	31 - 9 =	33.
	12 - 3 =	34.
	92 - 3 =	35.
	13 - 5 =	36.
	43 - 5 =	37.
	14 - 6 =	38.
	64 - 6 =	39.
	15 - 8 =	40.
	85 - 8 =	41.
	16 - 7 =	42.
	76 - 7 =	43.
	58 - 9 =	44.

أ

الرقم الصحيح: _____

طرح الأرقام من 11-19

	10 - 3 =	1.
	11 - 3 =	2.
	12 - 3 =	3.
	10 - 2 =	4.
	11 - 2 =	5.
	10 - 5 =	6.
	11 - 5 =	7.
	12 - 5 =	8.
	14 - 5 =	9.
	10 - 4 =	10.
	11 - 4 =	11.
	12 - 4 =	12.
	13 - 4 =	13.
	10 - 7 =	14.
	11 - 7 =	15.
	12 - 7 =	16.
	15 - 7 =	17.
	10 - 6 =	18.
	11 - 6 =	19.
	12 - 6 =	20.
	14 - 6 =	21.
	10 - 9 =	22.

	11 - 9 =	23.
	12 - 9 =	24.
	17 - 9 =	25.
	10 - 8 =	26.
	11 - 8 =	27.
	12 - 8 =	28.
	16 - 8 =	29.
	10 - 6 =	30.
	13 - 6 =	31.
	15 - 6 =	32.
	10 - 7 =	33.
	13 - 7 =	34.
	14 - 7 =	35.
	16 - 7 =	36.
	10 - 8 =	37.
	13 - 8 =	38.
	14 - 8 =	39.
	17 - 8 =	40.
	10 - 9 =	41.
	13 - 9 =	42.
	14 - 9 =	43.
	18 - 9 =	44.

ب

الرقم الصحيح: ________

طرح الأرقام من 11-19

التحسن: ________

1.	10 - 2 =	
2.	11 - 2 =	
3.	10 - 4 =	
4.	11 - 4 =	
5.	12 - 4 =	
6.	13 - 4 =	
7.	10 - 3 =	
8.	11 - 3 =	
9.	12 - 3 =	
10.	10 - 6 =	
11.	11 - 6 =	
12.	12 - 6 =	
13.	15 - 6 =	
14.	10 - 5 =	
15.	11 - 5 =	
16.	12 - 5 =	
17.	14 - 5 =	
18.	10 - 8 =	
19.	11 - 8 =	
20.	12 - 8 =	
21.	17 - 8 =	
22.	10 - 7 =	

23.	11 - 7 =	
24.	12 - 7 =	
25.	16 - 7 =	
26.	10 - 9 =	
27.	11 - 9 =	
28.	12 - 9 =	
29.	18 - 9 =	
30.	10 - 5 =	
31.	13 - 5 =	
32.	10 - 6 =	
33.	13 - 6 =	
34.	14 - 6 =	
35.	10 - 7 =	
36.	13 - 7 =	
37.	15 - 7 =	
38.	10 - 8 =	
39.	13 - 8 =	
40.	14 - 8 =	
41.	16 - 8 =	
42.	10 - 9 =	
43.	16 - 9 =	
44.	17 - 9 =	

أ

المجاميع للأرقام 11-19   الرقم الصحيح: _____

1.	9 + 2 =		23.	4 + 7 =	
2.	9 + 3 =		24.	4 + 8 =	
3.	9 + 4 =		25.	5 + 6 =	
4.	9 + 7 =		26.	5 + 7 =	
5.	7 + 9 =		27.	3 + 8 =	
6.	10 + 1 =		28.	3 + 9 =	
7.	10 + 2 =		29.	2 + 9 =	
8.	10 + 3 =		30.	5 + 10 =	
9.	10 + 8 =		31.	5 + 8 =	
10.	8 + 10 =		32.	9 + 6 =	
11.	8 + 3 =		33.	6 + 9 =	
12.	8 + 4 =		34.	7 + 6 =	
13.	8 + 5 =		35.	6 + 7 =	
14.	8 + 9 =		36.	8 + 6 =	
15.	9 + 8 =		37.	6 + 8 =	
16.	7 + 4 =		38.	8 + 7 =	
17.	10 + 5 =		39.	7 + 8 =	
18.	6 + 5 =		40.	6 + 6 =	
19.	7 + 5 =		41.	7 + 7 =	
20.	9 + 5 =		42.	8 + 8 =	
21.	5 + 9 =		43.	9 + 9 =	
22.	10 + 6 =		44.	4 + 9 =	

ب

الرقم الصحيح: ________

التحسن: ________

المجاميع للأرقام 11-19

.1	10 + 1 =		.23	5 + 6 =	
.2	10 + 2 =		.24	5 + 7 =	
.3	10 + 3 =		.25	4 + 7 =	
.4	10 + 9 =		.26	4 + 8 =	
.5	9 + 10 =		.27	4 + 10 =	
.6	9 + 2 =		.28	3 + 8 =	
.7	9 + 3 =		.29	3 + 9 =	
.8	9 + 4 =		.30	2 + 9 =	
.9	9 + 8 =		.31	5 + 8 =	
.10	8 + 9 =		.32	7 + 6 =	
.11	8 + 3 =		.33	6 + 7 =	
.12	8 + 4 =		.34	8 + 6 =	
.13	8 + 5 =		.35	6 + 8 =	
.14	8 + 7 =		.36	9 + 6 =	
.15	7 + 8 =		.37	6 + 9 =	
.16	7 + 4 =		.38	9 + 7 =	
.17	10 + 4 =		.39	7 + 9 =	
.18	6 + 5 =		.40	6 + 6 =	
.19	7 + 5 =		.41	7 + 7 =	
.20	9 + 5 =		.42	8 + 8 =	
.21	5 + 9 =		.43	9 + 9 =	
.22	10 + 8 =		.44	4 + 9 =	

الصف 2

الوحدة 7

الدرس 1 مجموعة التدريبات أ على الإتقان الأساسي 2•7
قصة الوحدات

الاسم ____________________ التاريخ ____________

.1	= 2 + 10	.21	= 9 + 7
.2	= 7 + 10	.22	= 8 + 5
.3	= 5 + 10	.23	= 9 + 3
.4	= 10 + 4	.24	= 6 + 8
.5	= 11 + 6	.25	= 4 + 7
.6	= 2 + 12	.26	= 5 + 9
.7	= 3 + 14	.27	= 6 + 6
.8	= 5 + 13	.28	= 3 + 8
.9	= 2 + 17	.29	= 6 + 7
.10	= 6 + 12	.30	= 9 + 6
.11	= 9 + 11	.31	= 7 + 8
.12	= 16 + 2	.32	= 9 + 9
.13	= 4 + 15	.33	= 7 + 5
.14	= 9 + 5	.34	= 4 + 8
.15	= 2 + 9	.35	= 5 + 6
.16	= 9 + 4	.36	= 7 + 9
.17	= 6 + 9	.37	= 8 + 6
.18	= 9 + 8	.38	= 9 + 2
.19	= 8 + 7	.39	= 8 + 9
.20	= 8 + 8	.40	= 7 + 7

الدرس 1: فرز البيانات وتسجيلها في جدول باستخدام ما يصل إلى أربع فئات؛ استخدام عدد الفئات لحل المسائل اللفظية.

الاسم ______________________ التاريخ ____________

1.	= 6 + 10	21.	= 8 + 3
2.	= 9 + 10	22.	= 4 + 9
3.	= 10 + 7	23.	11 = 6 + _____
4.	= 10 + 3	24.	13 = 9 + _____
5.	= 11 + 5	25.	14 = _____ + 8
6.	= 8 + 12	26.	15 = _____ + 7
7.	= 3 + 14	27.	8 + 4 = _____
8.	19 = _____ + 13	28.	9 + 8 = _____
9.	18 = _____ + 15	29.	4 + 6 = _____
10.	= 5 + 12	30.	= 9 + 3
11.	17 + 2 = _____	31.	= 7 + 5
12.	13 + 3 = _____	32.	14 = _____ + 8
13.	2 + 16 = _____	33.	9 + 5 = _____
14.	= 3 + 9	34.	= 8 + 8
15.	= 9 + 6	35.	9 + 7 = _____
16.	14 = 5 + _____	36.	4 + 8 = _____
17.	13 = 7 + _____	37.	_____ + 8 = 17
18.	12 = 8 + _____	38.	9 + _____ = 19
19.	= 7 + 8	39.	7 + _____ = 12
20.	= 6 + 7	40.	_____ + 8 = 15

الاسم _____ التاريخ _____

1. 13 - 3 =		21. 16 - 8 =	
2. 19 - 9 =		22. 14 - 5 =	
3. 15 - 10 =		23. 16 - 7 =	
4. 18 - 10 =		24. 15 - 7 =	
5. 12 - 2 =		25. 17 - 8 =	
6. 11 - 10 =		26. 18 - 9 =	
7. 17 - 13 =		27. 15 - 6 =	
8. 20 - 10 =		28. 13 - 8 =	
9. 14 - 11 =		29. 14 - 6 =	
10. 16 - 12 =		30. 12 - 5 =	
11. 11 - 3 =		31. 11 - 7 =	
12. 13 - 2 =		32. 13 - 8 =	
13. 14 - 2 =		33. 16 - 9 =	
14. 13 - 4 =		34. 12 - 8 =	
15. 12 - 3 =		35. 16 - 12 =	
16. 11 - 4 =		36. 18 - 15 =	
17. 12 - 5 =		37. 15 - 14 =	
18. 14 - 5 =		38. 17 - 11 =	
19. 11 - 2 =		39. 19 - 13 =	
20. 12 - 4 =		40. 20 - 12 =	

الاسم ______________________ التاريخ ____________

.1	= 7 - 17	.21	= 7 - 16
.2	= 10 - 14	.22	= 8 - 17
.3	= 11 - 19	.23	= 7 - 18
.4	= 10 - 16	.24	= 6 - 14
.5	= 12 - 17	.25	= 8 - 17
.6	= 13 - 15	.26	= 8 - 12
.7	= 3 - 12	.27	= 7 - 14
.8	= 11 - 20	.28	= 8 - 15
.9	= 11 - 18	.29	= 5 - 13
.10	= 5 - 13	.30	= 8 - 16
.11	2 - 11 = _____	.31	= 9 - 14
.12	4 - 12 = _____	.32	= 6 - 15
.13	5 - 13 = _____	.33	= 6 - 13
.14	3 - 12 = _____	.34	8 - 13 = _____
.15	4 - 11 = _____	.35	7 - 15 = _____
.16	2 - 13 = _____	.36	9 - 18 = _____
.17	3 - 11 = _____	.37	14 - 20 = _____
.18	= 8 - 17	.38	7 - 20 = _____
.19	= 6 - 14	.39	11 - 20 = _____
.20	= 9 - 16	.40	8 - 20 = _____

الاسم ________________________ التاريخ ______________

.1	= 9 + 11		.21	= 7 - 13	
.2	= 5 + 13		.22	= 8 - 11	
.3	= 3 + 14		.23	= 6 - 15	
.4	= 7 + 12		.24	= 7 + 12	
.5	= 9 + 5		.25	= 3 + 14	
.6	= 8 + 8		.26	= 12 + 8	
.7	= 7 - 14		.27	= 7 + 5	
.8	= 5 - 13		.28	= 9 + 8	
.9	= 7 - 16		.29	= 5 + 7	
.10	= 9 - 17		.30	= 6 - 13	
.11	= 6 - 14		.31	= 8 - 14	
.12	= 5 - 18		.32	= 9 - 12	
.13	= 9 + 9		.33	= 3 - 11	
.14	= 6 + 7		.34	= 5 - 14	
.15	= 9 + 3		.35	= 8 - 13	
.16	= 7 + 6		.36	= 5 + 8	
.17	= 5 + 8		.37	= 7 + 4	
.18	= 8 - 13		.38	= 8 + 7	
.19	= 9 - 16		.39	= 9 + 4	
.20	= 8 - 14		.40	= 8 - 20	

أ

الرقم الصحيح: _____

الجمع والطرح بمقدار 5

1.	5 + 0 =	
2.	5 + 5 =	
3.	5 + 10 =	
4.	5 + 15 =	
5.	5 + 20 =	
6.	5 + 25 =	
7.	5 + 30 =	
8.	5 + 35 =	
9.	5 + 40 =	
10.	5 + 45 =	
11.	5 - 50 =	
12.	5 - 45 =	
13.	5 - 40 =	
14.	5 - 35 =	
15.	5 - 30 =	
16.	5 - 25 =	
17.	5 - 20 =	
18.	5 - 15 =	
19.	5 - 10 =	
20.	5 - 5 =	
21.	0 + 5 =	
22.	5 + 5 =	
23.	5 + 10 =	
24.	5 + 15 =	
25.	5 + 20 =	
26.	5 + 25 =	
27.	5 + 30 =	
28.	5 + 35 =	
29.	5 + 40 =	
30.	5 + 45 =	
31.	50 + 0 =	
32.	50 + 50 =	
33.	5 + 50 =	
34.	5 + 55 =	
35.	5 - 60 =	
36.	5 - 55 =	
37.	5 + 60 =	
38.	5 + 65 =	
39.	5 - 70 =	
40.	5 - 65 =	
41.	50 + 100 =	
42.	50 + 150 =	
43.	50 - 200 =	
44.	50 - 150 =	

ب

الجمع والطرح بمقدار 5

الرقم الصحيح: _____

التحسن: _____

1.	5 + 0 =			23.	10 + 5 =	
2.	5 + 5 =			24.	15 + 5 =	
3.	5 + 10 =			25.	20 + 5 =	
4.	5 + 15 =			26.	25 + 5 =	
5.	5 + 20 =			27.	30 + 5 =	
6.	5 + 25 =			28.	35 + 5 =	
7.	5 + 30 =			29.	40 + 5 =	
8.	5 + 35 =			30.	45 + 5 =	
9.	5 + 40 =			31.	50 + 0 =	
10.	5 + 45 =			32.	50 + 50 =	
11.	50 - 5 =			33.	5 + 50 =	
12.	45 - 5 =			34.	5 + 55 =	
13.	40 - 5 =			35.	60 - 5 =	
14.	35 - 5 =			36.	55 - 5 =	
15.	30 - 5 =			37.	5 + 60 =	
16.	25 - 5 =			38.	5 + 65 =	
17.	20 - 5 =			39.	70 - 5 =	
18.	15 - 5 =			40.	65 - 5 =	
19.	10 - 5 =			41.	50 + 100 =	
20.	5 - 5 =			42.	50 + 150 =	
21.	0 + 5 =			43.	200 - 50 =	
22.	5 + 5 =			44.	150 - 50 =	

2•7 الدرس 4 التسلسل من الأسهل إلى الأصعب

أ

الرقم الصحيح: __________

العد بالتخطي بالخمسات

1.	0, 5, __	
2.	5, 10, __	
3.	10, 15, __	
4.	15, 20, __	
5.	20, 25, __	
6.	25, 30, __	
7.	30, 35, __	
8.	35, 40, __	
9.	40, 45, __	
10.	50, 45, __	
11.	45, 40, __	
12.	40, 35, __	
13.	35, 30, __	
14.	30, 25, __	
15.	25, 20, __	
16.	20, 15, __	
17.	15, 10, __	
18.	0, __, 10	
19.	25, __, 35	
20.	5, __, 15	
21.	30, __, 40	
22.	10, __, 20	

23.	35, __, 45	
24.	15, __, 25	
25.	40, __, 50	
26.	25, __, 15	
27.	50, __, 40	
28.	20, __, 10	
29.	45, __, 35	
30.	15, __, 5	
31.	40, __, 30	
32.	10, __, 0	
33.	35, __, 25	
34.	__, 10, 5	
35.	__, 35, 30	
36.	__, 15, 10	
37.	__, 40, 35	
38.	__, 20, 15	
39.	__, 45, 40	
40.	50, 55, __	
41.	45, 50, __	
42.	65, __, 55	
43.	55, 60, __	
44.	60, 65, __	

ب

العد بالتخطي بالخمسات

الرقم الصحيح: _____

التحسن: _____

#		
1.	5, 10, __	
2.	10, 15, __	
3.	15, 20, __	
4.	20, 25, __	
5.	25, 30, __	
6.	30, 35, __	
7.	35, 40, __	
8.	40, 45, __	
9.	50, 45, __	
10.	45, 40, __	
11.	40, 35, __	
12.	35, 30, __	
13.	30, 25, __	
14.	25, 20, __	
15.	20, 15, __	
16.	15, 10, __	
17.	0, __, 10	
18.	25, __, 35	
19.	5, __, 15	
20.	30, __, 40	
21.	10, __, 20	
22.	35, __, 45	

#		
23.	15, __, 25	
24.	35, __, 45	
25.	30, __, 20	
26.	25, __, 15	
27.	50, __, 40	
28.	20, __, 10	
29.	45, __, 35	
30.	15, __, 5	
31.	35, __, 25	
32.	10, __, 0	
33.	35, __, 25	
34.	__, 15, 10	
35.	__, 40, 35	
36.	__, 20, 15	
37.	__, 45, 40	
38.	__, 10, 5	
39.	__, 35, 30	
40.	45, 50, __	
41.	50, 55, __	
42.	55, 60, __	
43.	65, __, 55	
44.	__, 60, 55	

أ

الرقم الصحيح: ________

الطرح من عشرة

.1	= 3 - 10	
.2	= 3 - 11	
.3	= 3 - 12	
.4	= 2 - 10	
.5	= 2 - 11	
.6	= 5 - 10	
.7	= 5 - 11	
.8	= 5 - 12	
.9	= 5 - 14	
.10	= 4 - 10	
.11	= 4 - 11	
.12	= 4 - 12	
.13	= 4 - 13	
.14	= 7 - 10	
.15	= 7 - 11	
.16	= 7 - 12	
.17	= 7 - 15	
.18	= 6 - 10	
.19	= 6 - 11	
.20	= 6 - 12	
.21	= 6 - 14	
.22	= 9 - 10	

.23	= 9 - 11	
.24	= 9 - 12	
.25	= 9 - 17	
.26	= 8 - 10	
.27	= 8 - 11	
.28	= 8 - 12	
.29	= 8 - 16	
.30	= 6 - 10	
.31	= 6 - 13	
.32	= 6 - 15	
.33	= 7 - 10	
.34	= 7 - 13	
.35	= 7 - 14	
.36	= 7 - 16	
.37	= 8 - 10	
.38	= 8 - 13	
.39	= 8 - 14	
.40	= 8 - 17	
.41	= 9 - 10	
.42	= 9 - 13	
.43	= 9 - 14	
.44	= 9 - 18	

ب

الطرح من عشرة

الرقم الصحيح: ـــــــــــ

التحسن: ـــــــــــ

	23.	11 - 7 =		1.	10 - 2 =
	24.	12 - 7 =		2.	11 - 2 =
	25.	16 - 7 =		3.	10 - 4 =
	26.	10 - 9 =		4.	11 - 4 =
	27.	11 - 9 =		5.	12 - 4 =
	28.	12 - 9 =		6.	13 - 4 =
	29.	18 - 9 =		7.	10 - 3 =
	30.	10 - 5 =		8.	11 - 3 =
	31.	13 - 5 =		9.	12 - 3 =
	32.	10 - 6 =		10.	10 - 6 =
	33.	13 - 6 =		11.	11 - 6 =
	34.	14 - 6 =		12.	12 - 6 =
	35.	10 - 7 =		13.	15 - 6 =
	36.	13 - 7 =		14.	10 - 5 =
	37.	15 - 7 =		15.	11 - 5 =
	38.	10 - 8 =		16.	12 - 5 =
	39.	13 - 8 =		17.	14 - 5 =
	40.	14 - 8 =		18.	10 - 8 =
	41.	16 - 8 =		19.	11 - 8 =
	42.	10 - 9 =		20.	12 - 8 =
	43.	16 - 9 =		21.	17 - 8 =
	44.	17 - 9 =		22.	10 - 7 =

قصة الوحدات

الدرس 8 حل التمارين بسرعة

أ

الرقم الصحيح: _____

إضافة للرقم عشرة

	7 + 4 =	.23		2 + 9 =	.1
	8 + 4 =	.24		3 + 9 =	.2
	6 + 5 =	.25		4 + 9 =	.3
	7 + 5 =	.26		7 + 9 =	.4
	8 + 3 =	.27		9 + 7 =	.5
	9 + 3 =	.28		1 + 10 =	.6
	9 + 2 =	.29		2 + 10 =	.7
	10 + 5 =	.30		3 + 10 =	.8
	8 + 5 =	.31		8 + 10 =	.9
	6 + 9 =	.32		10 + 8 =	.10
	9 + 6 =	.33		3 + 8 =	.11
	6 + 7 =	.34		4 + 8 =	.12
	7 + 6 =	.35		5 + 8 =	.13
	6 + 8 =	.36		9 + 8 =	.14
	8 + 6 =	.37		8 + 9 =	.15
	7 + 8 =	.38		4 + 7 =	.16
	8 + 7 =	.39		5 + 10 =	.17
	6 + 6 =	.40		5 + 6 =	.18
	7 + 7 =	.41		5 + 7 =	.19
	8 + 8 =	.42		5 + 9 =	.20
	9 + 9 =	.43		9 + 5 =	.21
	9 + 4 =	.44		6 + 10 =	.22

الدرس 8: حل مسائل القسمة اللفظية التي تشتمل على القيمة الإجمالية لمجموعة من العملات الورقية.

ب

إضافة للرقم عشرة

الرقم الصحيح: ـــــــــــ

التحسن: ـــــــــــ

1.	10 + 1 =	
2.	10 + 2 =	
3.	10 + 3 =	
4.	10 + 9 =	
5.	9 + 10 =	
6.	9 + 2 =	
7.	9 + 3 =	
8.	9 + 4 =	
9.	9 + 8 =	
10.	8 + 9 =	
11.	8 + 3 =	
12.	8 + 4 =	
13.	8 + 5 =	
14.	8 + 7 =	
15.	7 + 8 =	
16.	7 + 4 =	
17.	10 + 4 =	
18.	6 + 5 =	
19.	7 + 5 =	
20.	9 + 5 =	
21.	5 + 9 =	
22.	10 + 8 =	

23.	5 + 6 =	
24.	5 + 7 =	
25.	4 + 7 =	
26.	4 + 8 =	
27.	4 + 10 =	
28.	3 + 8 =	
29.	3 + 9 =	
30.	2 + 9 =	
31.	5 + 8 =	
32.	7 + 6 =	
33.	6 + 7 =	
34.	8 + 6 =	
35.	6 + 8 =	
36.	9 + 6 =	
37.	6 + 9 =	
38.	9 + 7 =	
39.	7 + 9 =	
40.	6 + 6 =	
41.	7 + 7 =	
42.	8 + 8 =	
43.	9 + 9 =	
44.	4 + 9 =	

أ

الرقم الصحيح: _____

طرح الأرقام من 11-19

23.	19 - 9 =		1.	11 - 10 =	
24.	15 - 6 =		2.	12 - 10 =	
25.	15 - 7 =		3.	13 - 10 =	
26.	15 - 9 =		4.	19 - 10 =	
27.	20 - 10 =		5.	11 - 1 =	
28.	14 - 5 =		6.	12 - 2 =	
29.	14 - 6 =		7.	13 - 3 =	
30.	14 - 7 =		8.	17 - 7 =	
31.	14 - 9 =		9.	11 - 2 =	
32.	15 - 5 =		10.	11 - 3 =	
33.	17 - 8 =		11.	11 - 4 =	
34.	17 - 9 =		12.	11 - 8 =	
35.	18 - 8 =		13.	18 - 8 =	
36.	16 - 7 =		14.	13 - 4 =	
37.	16 - 8 =		15.	13 - 5 =	
38.	16 - 9 =		16.	13 - 6 =	
39.	17 - 10 =		17.	13 - 8 =	
40.	12 - 8 =		18.	16 - 6 =	
41.	18 - 9 =		19.	12 - 3 =	
42.	11 - 9 =		20.	12 - 4 =	
43.	15 - 8 =		21.	12 - 5 =	
44.	13 - 7 =		22.	12 - 9 =	

ب

طرح الأرقام من 11-19

الرقم الصحيح: _____

التحسن: _____

	11 - 1 =	1.
	12 - 2 =	2.
	13 - 3 =	3.
	18 - 8 =	4.
	11 - 10 =	5.
	12 - 10 =	6.
	13 - 10 =	7.
	18 - 10 =	8.
	11 - 2 =	9.
	11 - 3 =	10.
	11 - 4 =	11.
	11 - 7 =	12.
	19 - 9 =	13.
	12 - 3 =	14.
	12 - 4 =	15.
	12 - 5 =	16.
	12 - 8 =	17.
	17 - 7 =	18.
	13 - 4 =	19.
	13 - 5 =	20.
	13 - 6 =	21.
	13 - 9 =	22.

	16 - 6 =	23.
	14 - 5 =	24.
	14 - 6 =	25.
	14 - 7 =	26.
	14 - 9 =	27.
	20 - 10 =	28.
	15 - 6 =	29.
	15 - 7 =	30.
	15 - 9 =	31.
	14 - 4 =	32.
	16 - 7 =	33.
	16 - 8 =	34.
	16 - 9 =	35.
	20 - 10 =	36.
	17 - 8 =	37.
	17 - 9 =	38.
	16 - 10 =	39.
	18 - 9 =	40.
	12 - 9 =	41.
	13 - 7 =	42.
	11 - 8 =	43.
	15 - 8 =	44.

أ

الرقم الصحيح: ________

إضافة للرقم عشرة

.1	= 2 + 9	
.2	= 3 + 9	
.3	= 4 + 9	
.4	= 7 + 9	
.5	= 9 + 7	
.6	= 1 + 10	
.7	= 2 + 10	
.8	= 3 + 10	
.9	= 8 + 10	
.10	= 10 + 8	
.11	= 3 + 8	
.12	= 4 + 8	
.13	= 5 + 8	
.14	= 9 + 8	
.15	= 8 + 9	
.16	= 4 + 7	
.17	= 5 + 10	
.18	= 5 + 6	
.19	= 5 + 7	
.20	= 5 + 9	
.21	= 9 + 5	
.22	= 6 + 10	

.23	= 7 + 4	
.24	= 8 + 4	
.25	= 6 + 5	
.26	= 7 + 5	
.27	= 8 + 3	
.28	= 9 + 3	
.29	= 9 + 2	
.30	= 10 + 5	
.31	= 8 + 5	
.32	= 6 + 9	
.33	= 9 + 6	
.34	= 6 + 7	
.35	= 7 + 6	
.36	= 6 + 8	
.37	= 8 + 6	
.38	= 7 + 8	
.39	= 8 + 7	
.40	= 6 + 6	
.41	= 7 + 7	
.42	= 8 + 8	
.43	= 9 + 9	
.44	= 9 + 4	

ب

إضافة للرقم عشرة

الرقم الصحيح: _____

التحسن: _____

	1 + 10 =	1.
	2 + 10 =	2.
	3 + 10 =	3.
	9 + 10 =	4.
	10 + 9 =	5.
	2 + 9 =	6.
	3 + 9 =	7.
	4 + 9 =	8.
	8 + 9 =	9.
	9 + 8 =	10.
	3 + 8 =	11.
	4 + 8 =	12.
	5 + 8 =	13.
	7 + 8 =	14.
	8 + 7 =	15.
	4 + 7 =	16.
	4 + 10 =	17.
	5 + 6 =	18.
	5 + 7 =	19.
	5 + 9 =	20.
	9 + 5 =	21.
	8 + 10 =	22.

	6 + 5 =	23.
	7 + 5 =	24.
	7 + 4 =	25.
	8 + 4 =	26.
	10 + 4 =	27.
	8 + 3 =	28.
	9 + 3 =	29.
	9 + 2 =	30.
	8 + 5 =	31.
	6 + 7 =	32.
	7 + 6 =	33.
	6 + 8 =	34.
	8 + 6 =	35.
	6 + 9 =	36.
	9 + 6 =	37.
	7 + 9 =	38.
	9 + 7 =	39.
	6 + 6 =	40.
	7 + 7 =	41.
	8 + 8 =	42.
	9 + 9 =	43.
	9 + 4 =	44.

11 - 1	11 - 2
11 - 3	11 - 4
11 - 5	11 - 6
11 - 7	11 - 8
11 - 9	12 - 3

مجموعة 2 من بطاقات الطرح التعليمية

12 - 4	12 - 5
12 - 6	12 - 7
12 - 8	12 - 9
13 - 4	13 - 5
13 - 6	13 - 7

مجموعة 2 من بطاقات الطرح التعليمية

13 - 8	13 - 9
14 - 5	14 - 6
14 - 7	14 - 8
14 - 9	15 - 6
15 - 7	15 - 8

مجموعة 2 من بطاقات الطرح التعليمية

15 - 9	16 - 7
16 - 8	16 - 9
17 - 8	17 - 9
18 - 9	19 - 11
20 - 19	20 - 1

مجموعة 2 من بطاقات الطرح التعليمية

20 - 18	20 - 2
20 - 17	20 - 3
20 - 16	20 - 4
20 - 15	20 - 5
20 - 14	20 - 6

مجموعة 2 من بطاقات الطرح التعليمية

20 - 13	20 - 7
20 - 12	20 - 8
20 - 11	20 - 9
20 - 10	

مجموعة 2 من بطاقات الطرح التعليمية

الدرس 15 العد 2•7

أ

الرقم الصحيح: ____________

الجمع والطرح بمقدار 2

.1	= 2 + 0	
.2	= 2 + 2	
.3	= 2 + 4	
.4	= 2 + 6	
.5	= 2 + 8	
.6	= 2 + 10	
.7	= 2 + 12	
.8	= 2 + 14	
.9	= 2 + 16	
.10	= 2 + 18	
.11	= 2 - 20	
.12	= 2 - 18	
.13	= 2 - 16	
.14	= 2 - 14	
.15	= 2 - 12	
.16	= 2 - 10	
.17	= 2 - 8	
.18	= 2 - 6	
.19	= 2 - 4	
.20	= 2 - 2	
.21	= 0 + 2	
.22	= 2 + 2	

.23	= 4 + 2	
.24	= 6 + 2	
.25	= 8 + 2	
.26	= 10 + 2	
.27	= 12 + 2	
.28	= 14 + 2	
.29	= 16 + 2	
.30	= 18 + 2	
.31	= 22 + 0	
.32	= 22 + 22	
.33	= 22 + 44	
.34	= 22 + 66	
.35	= 22 - 88	
.36	= 22 - 66	
.37	= 22 - 44	
.38	= 22 - 22	
.39	= 0 + 22	
.40	= 22 + 22	
.41	= 44 + 22	
.42	= 22 + 66	
.43	= 222 - 888	
.44	= 222 - 666	

ب

الرقم الصحيح: ________

التحسن: ________

الجمع والطرح بمقدار 2

.1	= 0 + 2	
.2	= 2 + 2	
.3	= 4 + 2	
.4	= 6 + 2	
.5	= 8 + 2	
.6	= 10 + 2	
.7	= 12 + 2	
.8	= 14 + 2	
.9	= 16 + 2	
.10	= 18 + 2	
.11	= 2 - 20	
.12	= 2 - 18	
.13	= 2 - 16	
.14	= 2 - 14	
.15	= 2 - 12	
.16	= 2 - 10	
.17	= 2 - 8	
.18	= 2 - 6	
.19	= 2 - 4	
.20	= 2 - 2	
.21	= 2 + 0	
.22	= 2 + 2	

.23	= 2 + 4	
.24	= 2 + 6	
.25	= 2 + 8	
.26	= 2 + 10	
.27	= 2 + 12	
.28	= 2 + 14	
.29	= 2 + 16	
.30	= 2 + 18	
.31	= 22 + 0	
.32	= 22 + 22	
.33	= 44 + 22	
.34	= 22 + 66	
.35	= 22 - 88	
.36	= 22 - 66	
.37	= 22 - 44	
.38	= 22 - 22	
.39	= 0 + 22	
.40	= 22 + 22	
.41	= 44 + 22	
.42	= 22 + 66	
.43	= 222 - 666	
.44	= 222 - 888	

2•7 الدرس 16 الجري السريع

أ

الرقم الصحيح: __________

الجمع والطرح بمقدار 3

.1	0 + 3 =	
.2	3 + 3 =	
.3	6 + 3 =	
.4	9 + 3 =	
.5	12 + 3 =	
.6	15 + 3 =	
.7	18 + 3 =	
.8	21 + 3 =	
.9	24 + 3 =	
.10	27 + 3 =	
.11	30 - 3 =	
.12	27 - 3 =	
.13	24 - 3 =	
.14	21 - 3 =	
.15	18 - 3 =	
.16	15 - 3 =	
.17	12 - 3 =	
.18	9 - 3 =	
.19	6 - 3 =	
.20	3 - 3 =	
.21	3 + 0 =	
.22	3 + 3 =	
.23	6 + 3 =	
.24	9 + 3 =	
.25	12 + 3 =	
.26	15 + 3 =	
.27	18 + 3 =	
.28	21 + 3 =	
.29	24 + 3 =	
.30	27 + 3 =	
.31	0 + 33 =	
.32	33 + 33 =	
.33	66 + 33 =	
.34	33 + 66 =	
.35	99 - 33 =	
.36	66 - 33 =	
.37	999 - 333 =	
.38	33 - 33 =	
.39	33 + 0 =	
.40	30 + 3 =	
.41	33 + 3 =	
.42	36 + 3 =	
.43	63 + 33 =	
.44	63 + 36 =	

ب

الرقم الصحيح: ________

التحسين: ________

الجمع والطرح بمقدار 3

.1	= 0 + 3	
.2	= 3 + 3	
.3	= 6 + 3	
.4	= 9 + 3	
.5	= 12 + 3	
.6	= 15 + 3	
.7	= 18 + 3	
.8	= 21 + 3	
.9	= 24 + 3	
.10	= 27 + 3	
.11	= 3 - 30	
.12	= 3 - 27	
.13	= 3 - 24	
.14	= 3 - 21	
.15	= 3 - 18	
.16	= 3 - 15	
.17	= 3 - 12	
.18	= 3 - 9	
.19	= 3 - 6	
.20	= 3 - 3	
.21	= 3 + 0	
.22	= 3 + 3	

.23	= 3 + 6	
.24	= 3 + 9	
.25	= 3 + 12	
.26	= 3 + 15	
.27	= 3 + 18	
.28	= 3 + 21	
.29	= 3 + 24	
.30	= 3 + 27	
.31	= 33 + 0	
.32	= 33 + 33	
.33	= 66 + 33	
.34	= 33 + 66	
.35	= 33 - 99	
.36	= 33 - 66	
.37	= 333 - 999	
.38	= 33 - 33	
.39	= 0 + 33	
.40	= 3 + 30	
.41	= 3 + 33	
.42	= 3 + 36	
.43	= 33 + 36	
.44	= 63 + 36	

أ

الرقم الصحيح: ________

أنماط الطرح

	= 1 - 10	.1
	= 2 - 10	.2
	= 2 - 20	.3
	= 2 - 40	.4
	= 2 - 10	.5
	= 2 - 11	.6
	= 2 - 21	.7
	= 2 - 51	.8
	= 3 - 10	.9
	= 3 - 11	.10
	= 3 - 21	.11
	= 3 - 61	.12
	= 4 - 10	.13
	= 4 - 11	.14
	= 4 - 21	.15
	= 4 - 71	.16
	= 5 - 10	.17
	= 5 - 11	.18
	= 5 - 21	.19
	= 5 - 81	.20
	= 6 - 10	.21
	= 6 - 11	.22

	= 6 - 21	.23
	= 6 - 91	.24
	= 7 - 10	.25
	= 7 - 11	.26
	= 7 - 31	.27
	= 8 - 10	.28
	= 8 - 11	.29
	= 8 - 41	.30
	= 9 - 10	.31
	= 9 - 11	.32
	= 9 - 51	.33
	= 3 - 12	.34
	= 3 - 82	.35
	= 5 - 13	.36
	= 5 - 73	.37
	= 6 - 14	.38
	= 6 - 84	.39
	= 8 - 15	.40
	= 8 - 95	.41
	= 7 - 16	.42
	= 7 - 46	.43
	= 9 - 68	.44

الدرس 19: قس وقارن الاختلافات في الأطوال باستخدم مساطر مدرجة بالبوصات والأقدام والياردات.

ب

الرقم الصحيح: ________

التحسين: ________

أنماط الطرح

.1	= 2 - 10	
.2	= 2 - 20	
.3	= 2 - 30	
.4	= 2 - 50	
.5	= 2 - 10	
.6	= 2 - 11	
.7	= 2 - 21	
.8	= 2 - 61	
.9	= 3 - 10	
.10	= 3 - 11	
.11	= 3 - 21	
.12	= 3 - 71	
.13	= 4 - 10	
.14	= 4 - 11	
.15	= 4 - 21	
.16	= 4 - 81	
.17	= 5 - 10	
.18	= 5 - 11	
.19	= 5 - 21	
.20	= 5 - 91	
.21	= 6 - 10	
.22	= 6 - 11	

.23	= 6 - 21	
.24	= 6 - 41	
.25	= 7 - 10	
.26	= 7 - 11	
.27	= 7 - 51	
.28	= 8 - 10	
.29	= 8 - 11	
.30	= 8 - 61	
.31	= 9 - 10	
.32	= 9 - 11	
.33	= 9 - 31	
.34	= 3 - 12	
.35	= 3 - 92	
.36	= 5 - 13	
.37	= 5 - 43	
.38	= 6 - 14	
.39	= 6 - 64	
.40	= 8 - 15	
.41	= 8 - 85	
.42	= 7 - 16	
.43	= 7 - 76	
.44	= 9 - 58	

أ

الرقم الصحيح: __________

أنماط الطرح

.1	= 1 - 8	
.2	= 1 - 18	
.3	= 2 - 8	
.4	= 2 - 18	
.5	= 5 - 8	
.6	= 5 - 18	
.7	= 5 - 28	
.8	= 5 - 58	
.9	= 7 - 58	
.10	= 2 - 10	
.11	= 2 - 11	
.12	= 2 - 21	
.13	= 2 - 61	
.14	= 3 - 61	
.15	= 5 - 61	
.16	= 5 - 10	
.17	= 5 - 20	
.18	= 5 - 30	
.19	= 5 - 70	
.20	= 5 - 72	
.21	= 2 - 4	
.22	= 20 - 40	

.23	= 20 - 41	
.24	= 20 - 46	
.25	= 5 - 7	
.26	= 50 - 70	
.27	= 50 - 71	
.28	= 50 - 78	
.29	= 40 - 80	
.30	= 40 - 84	
.31	= 60 - 90	
.32	= 60 - 97	
.33	= 40 - 70	
.34	= 40 - 72	
.35	= 4 - 56	
.36	= 4 - 52	
.37	= 4 - 50	
.38	= 30 - 60	
.39	= 70 - 90	
.40	= 60 - 80	
.41	= 40 - 96	
.42	= 40 - 63	
.43	= 30 - 79	
.44	= 9 - 76	

ب

الرقم الصحيح: __________

التحسين: __________

أنماط الطرح

.1	= 1 - 7	
.2	= 1 - 17	
.3	= 2 - 7	
.4	= 2 - 17	
.5	= 5 - 7	
.6	= 5 - 17	
.7	= 5 - 27	
.8	= 5 - 57	
.9	= 6 - 57	
.10	= 5 - 10	
.11	= 5 - 11	
.12	= 5 - 21	
.13	= 5 - 61	
.14	= 4 - 61	
.15	= 2 - 61	
.16	= 2 - 10	
.17	= 2 - 20	
.18	= 2 - 30	
.19	= 2 - 70	
.20	= 2 - 71	
.21	= 2 - 5	
.22	= 20 - 50	

.23	= 20 - 51	
.24	= 20 - 56	
.25	= 5 - 8	
.26	= 50 - 80	
.27	= 50 - 81	
.28	= 50 - 87	
.29	= 30 - 60	
.30	= 30 - 64	
.31	= 60 - 80	
.32	= 60 - 85	
.33	= 30 - 70	
.34	= 30 - 72	
.35	= 4 - 76	
.36	= 4 - 72	
.37	= 4 - 70	
.38	= 40 - 80	
.39	= 60 - 90	
.40	= 40 - 60	
.41	= 40 - 93	
.42	= 40 - 67	
.43	= 30 - 78	
.44	= 9 - 56	

أ

الرقم الصحيح: __________

إضافة للرقم عشرة

1.	= 2 + 9	
2.	= 3 + 9	
3.	= 4 + 9	
4.	= 7 + 9	
5.	= 9 + 7	
6.	= 1 + 10	
7.	= 2 + 10	
8.	= 3 + 10	
9.	= 8 + 10	
10.	= 10 + 8	
11.	= 3 + 8	
12.	= 4 + 8	
13.	= 5 + 8	
14.	= 9 + 8	
15.	= 8 + 9	
16.	= 4 + 7	
17.	= 5 + 10	
18.	= 5 + 6	
19.	= 5 + 7	
20.	= 5 + 9	
21.	= 9 + 5	
22.	= 6 + 10	

23.	= 7 + 4	
24.	= 8 + 4	
25.	= 6 + 5	
26.	= 7 + 5	
27.	= 8 + 3	
28.	= 9 + 3	
29.	= 9 + 2	
30.	= 10 + 5	
31.	= 8 + 5	
32.	= 6 + 9	
33.	= 9 + 6	
34.	= 6 + 7	
35.	= 7 + 6	
36.	= 6 + 8	
37.	= 8 + 6	
38.	= 7 + 8	
39.	= 8 + 7	
40.	= 6 + 6	
41.	= 7 + 7	
42.	= 8 + 8	
43.	= 9 + 9	
44.	= 9 + 4	

ب

إضافة للرقم عشرة

الرقم الصحيح: _____

التحسين: _____

	= 6 + 5	23.		= 1 + 10	1.
	= 7 + 5	24.		= 2 + 10	2.
	= 7 + 4	25.		= 3 + 10	3.
	= 8 + 4	26.		= 9 + 10	4.
	= 10 + 4	27.		= 10 + 9	5.
	= 8 + 3	28.		= 2 + 9	6.
	= 9 + 3	29.		= 3 + 9	7.
	= 9 + 2	30.		= 4 + 9	8.
	= 8 + 5	31.		= 8 + 9	9.
	= 6 + 7	32.		= 9 + 8	10.
	= 7 + 6	33.		= 3 + 8	11.
	= 6 + 8	34.		= 4 + 8	12.
	= 8 + 6	35.		= 5 + 8	13.
	= 6 + 9	36.		= 7 + 8	14.
	= 9 + 6	37.		= 8 + 7	15.
	= 7 + 9	38.		= 4 + 7	16.
	= 9 + 7	39.		= 4 + 10	17.
	= 6 + 6	40.		= 5 + 6	18.
	= 7 + 7	41.		= 5 + 7	19.
	= 8 + 8	42.		= 5 + 9	20.
	= 9 + 9	43.		= 9 + 5	21.
	= 9 + 4	44.		= 8 + 10	22.

أ

أنماط الطرح

الرقم الصحيح: _____

1.	3 - 1 =	
2.	13 - 1 =	
3.	23 - 1 =	
4.	53 - 1 =	
5.	4 - 2 =	
6.	14 - 2 =	
7.	24 - 2 =	
8.	64 - 2 =	
9.	4 - 3 =	
10.	14 - 3 =	
11.	24 - 3 =	
12.	74 - 3 =	
13.	6 - 4 =	
14.	16 - 4 =	
15.	26 - 4 =	
16.	96 - 4 =	
17.	7 - 5 =	
18.	17 - 5 =	
19.	27 - 5 =	
20.	47 - 5 =	
21.	43 - 3 =	
22.	87 - 7 =	
23.	8 - 7 =	
24.	18 - 7 =	
25.	58 - 7 =	
26.	62 - 2 =	
27.	9 - 8 =	
28.	19 - 8 =	
29.	29 - 8 =	
30.	69 - 8 =	
31.	7 - 3 =	
32.	17 - 3 =	
33.	77 - 3 =	
34.	59 - 9 =	
35.	9 - 7 =	
36.	19 - 7 =	
37.	89 - 7 =	
38.	99 - 5 =	
39.	78 - 6 =	
40.	58 - 5 =	
41.	39 - 7 =	
42.	28 - 6 =	
43.	49 - 4 =	
44.	67 - 4 =	

ب

أنماط الطرح

الرقم الصحيح: _____

التحسين: _____

	8 - 7 =	23.		2 - 1 =	1.
	18 - 7 =	24.		12 - 1 =	2.
	68 - 7 =	25.		22 - 1 =	3.
	32 - 2 =	26.		52 - 1 =	4.
	9 - 8 =	27.		5 - 2 =	5.
	19 - 8 =	28.		15 - 2 =	6.
	29 - 8 =	29.		25 - 2 =	7.
	79 - 8 =	30.		65 - 2 =	8.
	8 - 4 =	31.		4 - 3 =	9.
	18 - 4 =	32.		14 - 3 =	10.
	78 - 4 =	33.		24 - 3 =	11.
	89 - 9 =	34.		84 - 3 =	12.
	9 - 7 =	35.		7 - 4 =	13.
	19 - 7 =	36.		17 - 4 =	14.
	79 - 7 =	37.		27 - 4 =	15.
	89 - 5 =	38.		97 - 4 =	16.
	68 - 6 =	39.		6 - 5 =	17.
	48 - 5 =	40.		16 - 5 =	18.
	29 - 7 =	41.		26 - 5 =	19.
	38 - 6 =	42.		46 - 5 =	20.
	59 - 4 =	43.		23 - 3 =	21.
	77 - 4 =	44.		67 - 7 =	22.

الصف الثاني
الوحدة 8

أ

إضافة للرقم عشرة

الرقم الصحيح: _____

	= 1 + 8	1.
	= 1 + 18	2.
	= 1 + 28	3.
	= 1 + 58	4.
	= 2 + 7	5.
	= 2 + 17	6.
	= 2 + 27	7.
	= 2 + 57	8.
	= 3 + 6	9.
	= 3 + 36	10.
	= 4 + 5	11.
	= 4 + 45	12.
	= 9 + 30	13.
	= 2 + 9	14.
	= 2 + 39	15.
	= 8 + 50	16.
	= 4 + 8	17.
	= 4 + 58	18.
	= 20 + 50	19.
	= 20 + 54	20.
	= 20 + 70	21.
	= 20 + 76	22.

	= 30 + 50	23.
	= 30 + 58	24.
	= 3 + 9	25.
	= 30 + 90	26.
	= 30 + 97	27.
	= 4 + 8	28.
	= 40 + 80	29.
	= 40 + 83	30.
	= 4 + 83	31.
	= 6 + 7	32.
	= 60 + 70	33.
	= 60 + 74	34.
	= 5 + 74	35.
	= 6 + 73	36.
	= 7 + 58	37.
	= 5 + 76	38.
	= 40 + 30	39.
	= 70 + 20	40.
	= 70 + 80	41.
	= 40 + 34	42.
	= 50 + 23	43.
	= 60 + 97	44.

ب

الرقم الصحيح: ________

إضافة للرقم عشرة

التحسن: ________

.1	= 1 + 7	
.2	= 1 + 17	
.3	= 1 + 27	
.4	= 1 + 47	
.5	= 2 + 6	
.6	= 2 + 16	
.7	= 2 + 26	
.8	= 2 + 46	
.9	= 3 + 5	
.10	= 3 + 75	
.11	= 4 + 5	
.12	= 4 + 75	
.13	= 9 + 40	
.14	= 2 + 9	
.15	= 2 + 49	
.16	= 8 + 60	
.17	= 4 + 8	
.18	= 4 + 68	
.19	= 20 + 50	
.20	= 20 + 56	
.21	= 20 + 70	
.22	= 20 + 74	

.23	= 30 + 50	
.24	= 30 + 57	
.25	= 3 + 8	
.26	= 30 + 80	
.27	= 30 + 87	
.28	= 4 + 9	
.29	= 40 + 90	
.30	= 40 + 93	
.31	= 4 + 93	
.32	= 6 + 8	
.33	= 60 + 80	
.34	= 60 + 84	
.35	= 5 + 84	
.36	= 6 + 83	
.37	= 7 + 68	
.38	= 5 + 86	
.39	= 30 + 20	
.40	= 60 + 30	
.41	= 70 + 90	
.42	= 40 + 36	
.43	= 50 + 27	
.44	= 70 + 94	

أ

الرقم الصحيح: ________

جهز مائة للإضافة

.1	= 3 + 98	
.2	= 4 + 98	
.3	= 5 + 98	
.4	= 8 + 98	
.5	= 6 + 98	
.6	= 9 + 98	
.7	= 7 + 98	
.8	= 2 + 99	
.9	= 3 + 99	
.10	= 4 + 99	
.11	= 9 + 99	
.12	= 6 + 99	
.13	= 8 + 99	
.14	= 5 + 99	
.15	= 7 + 99	
.16	= 13 + 98	
.17	= 24 + 98	
.18	= 35 + 98	
.19	= 46 + 98	
.20	= 57 + 98	
.21	= 68 + 98	
.22	= 79 + 98	

.23	= 12 + 99	
.24	= 23 + 99	
.25	= 34 + 99	
.26	= 45 + 99	
.27	= 56 + 99	
.28	= 67 + 99	
.29	= 78 + 99	
.30	= 99 + 35	
.31	= 98 + 45	
.32	= 99 + 46	
.33	= 98 + 56	
.34	= 99 + 67	
.35	= 98 + 77	
.36	= 99 + 68	
.37	= 98 + 78	
.38	= 95 + 99	
.39	= 99 + 93	
.40	= 95 + 99	
.41	= 99 + 94	
.42	= 96 + 98	
.43	= 98 + 94	
.44	= 88 + 98	

ب

جهز مائة للإضافة

الرقم الصحيح: _____

تحسين: _____

	99 + 2 =	1.
	99 + 3 =	2.
	99 + 4 =	3.
	99 + 8 =	4.
	99 + 6 =	5.
	99 + 9 =	6.
	99 + 5 =	7.
	99 + 7 =	8.
	98 + 3 =	9.
	98 + 4 =	10.
	98 + 5 =	11.
	98 + 9 =	12.
	98 + 7 =	13.
	98 + 8 =	14.
	98 + 6 =	15.
	99 + 12 =	16.
	99 + 23 =	17.
	99 + 34 =	18.
	99 + 45 =	19.
	99 + 56 =	20.
	99 + 67 =	21.
	99 + 78 =	22.

	98 + 13 =	23.
	98 + 24 =	24.
	98 + 35 =	25.
	98 + 46 =	26.
	98 + 57 =	27.
	98 + 68 =	28.
	98 + 79 =	29.
	25 + 99 =	30.
	35 + 98 =	31.
	36 + 99 =	32.
	46 + 98 =	33.
	57 + 99 =	34.
	67 + 98 =	35.
	78 + 99 =	36.
	88 + 98 =	37.
	99 + 93 =	38.
	95 + 99 =	39.
	99 + 97 =	40.
	92 + 99 =	41.
	98 + 94 =	42.
	96 + 98 =	43.
	98 + 86 =	44.

الاسم ______________________ التاريخ ______________

.1	= 9 + 10	.21	= 9 + 3
.2	= 1 + 10	.22	= 8 + 4
.3	= 2 + 11	.23	= 9 + 5
.4	= 6 + 13	.24	= 8 + 8
.5	= 5 + 15	.25	= 5 + 7
.6	= 3 + 14	.26	= 8 + 5
.7	= 5 + 13	.27	= 3 + 8
.8	= 4 + 12	.28	= 8 + 6
.9	= 2 + 16	.29	= 6 + 4
.10	= 1 + 18	.30	= 6 + 7
.11	= 7 + 11	.31	= 4 + 7
.12	= 4 + 13	.32	= 9 + 7
.13	= 5 + 14	.33	= 7 + 7
.14	= 4 + 9	.34	= 6 + 8
.15	= 2 + 9	.35	= 9 + 6
.16	= 9 + 9	.36	= 5 + 8
.17	= 9 + 6	.37	= 7 + 4
.18	= 9 + 8	.38	= 9 + 3
.19	= 8 + 7	.39	= 6 + 8
.20	= 8 + 8	.40	= 4 + 9

الاسم ______________________ التاريخ ______________

.1	= 8 + 10	.21	= 8 + 5
.2	= 10 + 4	.22	= 7 + 6
.3	= 10 + 9	.23	12 = 4 + ____
.4	= 5 + 11	.24	13 = 7 + ____
.5	= 3 + 13	.25	14 = ____ + 6
.6	= 4 + 12	.26	15 = ____ + 7
.7	= 3 + 16	.27	8 + 9 = ____
.8	19 = ____ + 15	.28	5 + 7 = ____
.9	20 = ____ + 18	.29	8 + 4 = ____
.10	= 5 + 13	.30	= 9 + 3
.11	16 + 4 = ____	.31	= 7 + 6
.12	12 + 6 = ____	.32	13 = ____ + 8
.13	6 + 14 = ____	.33	9 + 7 = ____
.14	= 3 + 9	.34	= 6 + 6
.15	= 9 + 7	.35	5 + 7 = ____
.16	11 = 4 + ____	.36	8 + 4 = ____
.17	13 = 6 + ____	.37	____ + 13 = 20
.18	12 = 5 + ____	.38	9 + ____ = 18
.19	14 = 8 + ____	.39	7 + ____ = 16
.20	15 = 9 + ____	.40	____ + 9 = 20

EUREKA MATH

الاسم ____________ التاريخ ____________

.1	= 9 - 19	.21	= 7 - 15
.2	= 11 - 19	.22	= 9 - 18
.3	= 10 - 17	.23	= 8 - 16
.4	= 2 - 12	.24	= 6 - 15
.5	= 12 - 15	.25	= 8 - 17
.6	= 10 - 18	.26	= 6 - 14
.7	= 5 - 17	.27	= 9 - 16
.8	= 9 - 20	.28	= 8 - 13
.9	= 4 - 14	.29	= 5 - 12
.10	= 13 - 16	.30	= 8 - 19
.11	= 2 - 11	.31	= 9 - 17
.12	= 3 - 12	.32	= 7 - 16
.13	= 2 - 14	.33	= 8 - 14
.14	= 4 - 13	.34	= 9 - 15
.15	= 3 - 11	.35	= 7 - 13
.16	= 4 - 12	.36	= 8 - 12
.17	= 2 - 13	.37	= 8 - 15
.18	= 5 - 14	.38	= 9 - 14
.19	= 4 - 11	.39	= 7 - 12
.20	= 5 - 12	.40	= 9 - 11

الاسم ______________________ التاريخ ______________

.1	= 3 - 12	.21	= 7 - 13
.2	= 5 - 13	.22	= 9 - 15
.3	= 2 - 11	.23	= 7 - 18
.4	= 5 - 12	.24	= 7 - 14
.5	= 4 - 13	.25	= 9 - 17
.6	= 2 - 13	.26	= 9 - 12
.7	= 4 - 11	.27	= 6 - 13
.8	= 6 - 12	.28	= 7 - 15
.9	= 3 - 11	.29	= 8 - 16
.10	= 6 - 13	.30	= 6 - 12
.11	9 - 11 = ____	.31	9 - 13 = ____
.12	8 - 13 = ____	.32	8 - 17 = ____
.13	7 - 12 = ____	.33	9 - 14 = ____
.14	6 - 11 = ____	.34	5 - 13 = ____
.15	9 - 13 = ____	.35	8 - 15 = ____
.16	8 - 14 = ____	.36	9 - 18 = ____
.17	7 - 11 = ____	.37	7 - 16 = ____
.18	6 - 15 = ____	.38	12 - 20 = ____
.19	9 - 16 = ____	.39	6 - 20 = ____
.20	8 - 12 = ____	.40	17 - 20 = ____

الاسم _____ التاريخ _____

1.	13 - 4 =	21.	8 + 4 =
2.	15 - 8 =	22.	6 + 7 =
3.	19 - 5 =	23.	9 + 9 =
4.	11 - 7 =	24.	12 - 6 =
5.	9 + 6 =	25.	16 - 7 =
6.	7 + 8 =	26.	13 - 5 =
7.	4 + 7 =	27.	11 - 8 =
8.	13 + 6 =	28.	7 + 9 =
9.	12 - 8 =	29.	5 + 7 =
10.	17 - 9 =	30.	8 + 7 =
11.	14 - 6 =	31.	9 + 8 =
12.	16 - 7 =	32.	11 + 9 =
13.	6 + 8 =	33.	12 - 3 =
14.	7 + 6 =	34.	14 - 5 =
15.	4 + 9 =	35.	20 - 13 =
16.	5 + 7 =	36.	8 - 5 =
17.	9 - 5 =	37.	7 + 4 =
18.	13 - 7 =	38.	13 + 5 =
19.	16 - 9 =	39.	7 + 9 =
20.	14 - 8 =	40.	8 + 11 =

الدرس 3 نموذج الطلاقة 2•8
قصة الوحدات

مساحة العمل:

مئات	عشرات	آحاد

____

مخطط القيمة المكانية للمئات

الدرس 3: استخدم السمات لرسم المضلعات المختلفة بما في ذلك المثلثات والأشكال الرباعية والخماسي والسداسيات.
155

أ

أنماط الطرح

الرقم الصحيح: _____

	8 - 1 =	1.
	18 - 1 =	2.
	8 - 2 =	3.
	18 - 2 =	4.
	8 - 5 =	5.
	18 - 5 =	6.
	28 - 5 =	7.
	58 - 5 =	8.
	58 - 7 =	9.
	10 - 2 =	10.
	11 - 2 =	11.
	21 - 2 =	12.
	61 - 2 =	13.
	61 - 3 =	14.
	61 - 5 =	15.
	10 - 5 =	16.
	20 - 5 =	17.
	30 - 5 =	18.
	70 - 5 =	19.
	72 - 5 =	20.
	4 - 2 =	21.
	40 - 20 =	22.

	41 - 20 =	23.
	46 - 20 =	24.
	7 - 5 =	25.
	70 - 50 =	26.
	71 - 50 =	27.
	78 - 50 =	28.
	80 - 40 =	29.
	84 - 40 =	30.
	90 - 60 =	31.
	97 - 60 =	32.
	70 - 40 =	33.
	72 - 40 =	34.
	56 - 4 =	35.
	52 - 4 =	36.
	50 - 4 =	37.
	60 - 30 =	38.
	90 - 70 =	39.
	80 - 60 =	40.
	96 - 40 =	41.
	63 - 40 =	42.
	72 - 5 =	43.
	76 - 9 =	44.

ب

أنماط الطرح

الرقم الصحيح: _____

تحسين: _____

	7 - 1 =	1.
	17 - 1 =	2.
	7 - 2 =	3.
	17 - 2 =	4.
	7 - 5 =	5.
	17 - 5 =	6.
	27 - 5 =	7.
	57 - 5 =	8.
	57 - 6 =	9.
	10 - 5 =	10.
	11 - 5 =	11.
	21 - 5 =	12.
	61 - 5 =	13.
	61 - 4 =	14.
	61 - 2 =	15.
	10 - 2 =	16.
	20 - 2 =	17.
	30 - 2 =	18.
	70 - 2 =	19.
	71 - 2 =	20.
	5 - 2 =	21.
	50 - 20 =	22.

	51 - 20 =	23.
	56 - 20 =	24.
	8 - 5 =	25.
	80 - 50 =	26.
	81 - 50 =	27.
	87 - 50 =	28.
	60 - 30 =	29.
	64 - 30 =	30.
	80 - 60 =	31.
	85 - 60 =	32.
	70 - 30 =	33.
	72 - 30 =	34.
	76 - 4 =	35.
	72 - 4 =	36.
	70 - 4 =	37.
	80 - 40 =	38.
	90 - 60 =	39.
	60 - 40 =	40.
	93 - 40 =	41.
	67 - 40 =	42.
	78 - 30 =	43.
	56 - 9 =	44.

أ

أنماط الجمع والطرح

الرقم الصحيح: _____

	3 + 8 =	1.
	11 - 3 =	2.
	2 + 9 =	3.
	11 - 2 =	4.
	5 + 6 =	5.
	11 - 6 =	6.
	4 + 7 =	7.
	11 - 7 =	8.
	4 + 8 =	9.
	12 - 4 =	10.
	3 + 9 =	11.
	12 - 3 =	12.
	5 + 7 =	13.
	12 - 7 =	14.
	6 + 6 =	15.
	12 - 6 =	16.
	6 + 8 =	17.
	14 - 8 =	18.
	4 + 9 =	19.
	13 - 9 =	20.
	7 + 8 =	21.
	15 - 8 =	22.

	8 + 8 =	23.
	16 - 8 =	24.
	6 + 9 =	25.
	15 - 9 =	26.
	9 + 9 =	27.
	18 - 9 =	28.
	7 + 7 =	29.
	14 - 7 =	30.
	9 + 8 =	31.
	17 - 8 =	32.
	9 + 7 =	33.
	16 - 7 =	34.
	19 - 6 =	35.
	7 + 6 =	36.
	17 - 6 =	37.
	11 - 7 =	38.
	6 + 7 =	39.
	13 - 7 =	40.
	19 - 7 =	41.
	8 + 3 =	42.
	8 + 5 =	43.
	18 - 5 =	44.

ب

أنماط الجمع والطرح

الرقم الصحيح: _____

تحسين: _____

1.	9 + 2 =	
2.	11 - 2 =	
3.	8 + 3 =	
4.	11 - 3 =	
5.	7 + 4 =	
6.	11 - 7 =	
7.	6 + 5 =	
8.	11 - 6 =	
9.	9 + 3 =	
10.	12 - 3 =	
11.	8 + 4 =	
12.	12 - 4 =	
13.	7 + 5 =	
14.	12 - 5 =	
15.	6 + 6 =	
16.	12 - 6 =	
17.	9 + 4 =	
18.	13 - 4 =	
19.	8 + 6 =	
20.	14 - 8 =	
21.	7 + 8 =	
22.	15 - 7 =	

23.	9 + 6 =	
24.	15 - 9 =	
25.	8 + 8 =	
26.	16 - 8 =	
27.	7 + 7 =	
28.	14 - 7 =	
29.	9 + 9 =	
30.	18 - 9 =	
31.	9 + 7 =	
32.	16 - 9 =	
33.	9 + 8 =	
34.	17 - 9 =	
35.	19 - 7 =	
36.	8 + 5 =	
37.	18 - 5 =	
38.	13 - 8 =	
39.	7 + 6 =	
40.	13 - 6 =	
41.	19 - 6 =	
42.	9 + 3 =	
43.	9 + 6 =	
44.	18 - 6 =	

2•8 الدرس 9 تمرين السرعة

أ

الرقم الصحيح: ________

أنماط الطرح

.1	= 5-1	
.2	= 1 - 15	
.3	= 1 - 25	
.4	= 1 - 75	
.5	= 2 - 5	
.6	= 2 - 15	
.7	= 2 - 25	
.8	= 2 - 75	
.9	= 1 - 4	
.10	= 10 - 40	
.11	= 10 - 43	
.12	= 20 - 43	
.13	= 21 - 43	
.14	= 23 - 43	
.15	= 2 - 12	
.16	= 2 - 62	
.17	= 12 - 62	
.18	= 8 - 18	
.19	= 8 - 78	
.20	= 18 - 78	
.21	= 11 - 41	
.22	= 12 - 92	

.23	= 2 - 10	
.24	= 2 - 11	
.25	= 2 - 21	
.26	= 2 - 31	
.27	= 2 - 51	
.28	= 12 - 51	
.29	= 5 - 10	
.30	= 5 - 11	
.31	= 5 - 12	
.32	= 5 - 22	
.33	= 5 - 32	
.34	= 5 - 62	
.35	= 15 - 62	
.36	= 15 - 72	
.37	= 15 - 82	
.38	= 15 - 32	
.39	= 9 - 10	
.40	= 9 - 11	
.41	= 9 - 51	
.42	= 10 - 51	
.43	= 19 - 51	
.44	= 46 - 65	

ب

الرقم الصحيح: ________

أنماط الطرح

تحسين: ________

1.	4 - 1 =	
2.	14 - 1 =	
3.	24 - 1 =	
4.	74 - 1 =	
5.	5 - 3 =	
6.	15 - 3 =	
7.	25 - 3 =	
8.	75 - 3 =	
9.	3 - 1 =	
10.	30 - 10 =	
11.	32 - 10 =	
12.	32 - 20 =	
13.	32 - 21 =	
14.	32 - 22 =	
15.	15 - 5 =	
16.	65 - 5 =	
17.	65 - 15 =	
18.	16 - 6 =	
19.	76 - 6 =	
20.	76 - 16 =	
21.	51 - 11 =	
22.	82 - 12 =	

23.	10 - 5 =	
24.	11 - 5 =	
25.	21 - 5 =	
26.	31 - 5 =	
27.	51 - 5 =	
28.	51 - 15 =	
29.	10 - 9 =	
30.	11 - 9 =	
31.	12 - 9 =	
32.	22 - 9 =	
33.	32 - 9 =	
34.	62 - 9 =	
35.	62 - 19 =	
36.	72 - 19 =	
37.	82 - 19 =	
38.	32 - 19 =	
39.	10 - 2 =	
40.	11 - 2 =	
41.	51 - 2 =	
42.	51 - 10 =	
43.	51 - 12 =	
44.	95 - 76 =	

أ

أنماط الجمع

الرقم الصحيح: _____

1.	2 + 8 =	
2.	2 + 18 =	
3.	2 + 38 =	
4.	3 + 7 =	
5.	3 + 17 =	
6.	3 + 37 =	
7.	3 + 8 =	
8.	3 + 18 =	
9.	3 + 28 =	
10.	5 + 6 =	
11.	5 + 16 =	
12.	5 + 26 =	
13.	4 + 18 =	
14.	4 + 28 =	
15.	6 + 16 =	
16.	6 + 26 =	
17.	5 + 18 =	
18.	5 + 28 =	
19.	7 + 16 =	
20.	7 + 26 =	
21.	2 + 19 =	
22.	4 + 17 =	

23.	6 + 18 =	
24.	6 + 28 =	
25.	8 + 16 =	
26.	8 + 26 =	
27.	7 + 18 =	
28.	8 + 18 =	
29.	7 + 28 =	
30.	8 + 28 =	
31.	9 + 15 =	
32.	9 + 16 =	
33.	9 + 25 =	
34.	9 + 26 =	
35.	7 + 14 =	
36.	6 + 16 =	
37.	8 + 15 =	
38.	8 + 23 =	
39.	7 + 25 =	
40.	7 + 15 =	
41.	7 + 24 =	
42.	9 + 14 =	
43.	8 + 19 =	
44.	9 + 28 =	

ب

أنماط الجمع

الرقم الصحيح: ـــــــــ

تحسين: ـــــــــ

1.	9 + 1 =		23.	19 + 5 =	
2.	19 + 1 =		24.	29 + 5 =	
3.	39 + 1 =		25.	17 + 7 =	
4.	6 + 4 =		26.	27 + 7 =	
5.	16 + 4 =		27.	19 + 6 =	
6.	36 + 4 =		28.	19 + 7 =	
7.	9 + 2 =		29.	29 + 6 =	
8.	19 + 2 =		30.	29 + 7 =	
9.	29 + 2 =		31.	17 + 8 =	
10.	7 + 4 =		32.	17 + 9 =	
11.	17 + 4 =		33.	27 + 8 =	
12.	27 + 4 =		34.	27 + 9 =	
13.	19 + 3 =		35.	12 + 9 =	
14.	29 + 3 =		36.	14 + 8 =	
15.	17 + 5 =		37.	16 + 7 =	
16.	27 + 5 =		38.	28 + 6 =	
17.	19 + 4 =		39.	26 + 8 =	
18.	29 + 4 =		40.	24 + 8 =	
19.	17 + 6 =		41.	13 + 8 =	
20.	27 + 6 =		42.	24 + 9 =	
21.	18 + 3 =		43.	29 + 8 =	
22.	26 + 5 =		44.	18 + 9 =	

الدرس 14 حل المسائل بسرعة 2•8

أ

الرقم الصحيح: ________

الجمع والطرح بمقدار 5

.1	= 5 + 0	
.2	= 5 + 5	
.3	= 5 + 10	
.4	= 5 + 15	
.5	= 5 + 20	
.6	= 5 + 25	
.7	= 5 + 30	
.8	= 5 + 35	
.9	= 5 + 40	
.10	= 5 + 45	
.11	= 5 - 50	
.12	= 5 - 45	
.13	= 5 - 40	
.14	= 5 - 35	
.15	= 5 - 30	
.16	= 5 - 25	
.17	= 5 - 20	
.18	= 5 - 15	
.19	= 5 - 10	
.20	= 5 - 5	
.21	= 0 + 5	
.22	= 5 + 5	

.23	= 5 + 10	
.24	= 5 + 15	
.25	= 5 + 20	
.26	= 5 + 25	
.27	= 5 + 30	
.28	= 5 + 35	
.29	= 5 + 40	
.30	= 5 + 45	
.31	= 50 + 0	
.32	= 50 + 50	
.33	= 5 + 50	
.34	= 5 + 55	
.35	= 5 - 60	
.36	= 5 - 55	
.37	= 5 + 60	
.38	= 5 + 65	
.39	= 5 - 70	
.40	= 5 - 65	
.41	= 50 + 100	
.42	= 50 + 150	
.43	= 50 - 200	
.44	= 50 - 150	

الدرس 14: الوقت مقربًا إلى أقرب 5 دقائق.

ب

الرقم الصحيح: ________

تحسين: ________

الجمع والطرح بمقدار 5

.1	= 0 + 5	
.2	= 5 + 5	
.3	= 10 + 5	
.4	= 15 + 5	
.5	= 20 + 5	
.6	= 25 + 5	
.7	= 30 + 5	
.8	= 35 + 5	
.9	= 40 + 5	
.10	= 45 + 5	
.11	= 5 - 50	
.12	= 5 - 45	
.13	= 5 - 40	
.14	= 5 - 35	
.15	= 5 - 30	
.16	= 5 - 25	
.17	= 5 - 20	
.18	= 5 - 15	
.19	= 5 - 10	
.20	= 5 - 5	
.21	= 5 + 0	
.22	= 5 + 5	

.23	= 5 + 10	
.24	= 5 + 15	
.25	= 5 + 20	
.26	= 5 + 25	
.27	= 5 + 30	
.28	= 5 + 35	
.29	= 5 + 40	
.30	= 5 + 45	
.31	= 0 + 50	
.32	= 50 + 50	
.33	= 50 + 5	
.34	= 55 + 5	
.35	= 5 - 60	
.36	= 5 - 55	
.37	= 60 + 5	
.38	= 65 + 5	
.39	= 5 - 70	
.40	= 5 - 65	
.41	= 100 + 50	
.42	= 150 + 50	
.43	= 50 - 200	
.44	= 50 - 150	

وحدات دراسية

بذلت شركة Great Minds® قصارى جهدها للحصول على إذن لإعادة طباعة جميع المواد المحمية بحقوق الطبع والنشر. إذا لم يتم التعرف على أي مالك للمواد المحمية بحقوق الطبع والنشر هنا، يرجى الاتصال بـ Great Minds للحصول على الإقرار المناسب في جميع الإصدارات المستقبلية وإعادة طبع هذه الوحدة.